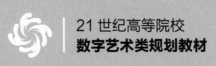

21 世纪高等院校
数字艺术类规划教材

Photoshop CS6
平面设计
案例教程

程晓春 汪维丁 ◎ 主编
李洋 甘露 ◎ 副主编

人 民 邮 电 出 版 社
北 京

图书在版编目（C I P）数据

Photoshop CS6平面设计案例教程 / 程晓春，汪维丁
主编. -- 北京：人民邮电出版社，2015.12（2023.8重印）
21世纪高等院校数字艺术类规划教材
ISBN 978-7-115-39723-2

Ⅰ．①P… Ⅱ．①程… ②汪… Ⅲ．①图象处理软件—
高等学校－教材 Ⅳ．①TP391.41

中国版本图书馆CIP数据核字(2015)第174141号

内 容 提 要

本书全面介绍了 Photoshop CS6 的所有功能。全书共 6 章，以循序渐进方式，结合实战案例进行
讲解，内容从软件的基本操作到主要功能运用，以移动平台广告、网络广告、DM 广告、UI 图标和
创意海报等各类平面设计专题为载体进行核心功能解析。

本书结构清晰，内容通俗易懂，实战针对性强，案例实用精彩，案例讲解与内容结合紧密，让
读者能够在专业应用案例中掌握相应的软件功能和操作技巧，具有很强的针对性和实用性。

本书适合广大 Photoshop 初学者及中级平面设计者学习参考，也可作为商业设计制作人员和高
等院校相关专业师生的参考用书。

◆ 主　　编　程晓春　汪维丁
　　副主编　李　洋　甘　露
　　责任编辑　刘　博
　　责任印制　沈　蓉　彭志环

◆ 人民邮电出版社出版发行　　北京市丰台区成寿寺路 11 号
　邮编　100164　电子邮件　315@ptpress.com.cn
　网址　http://www.ptpress.com.cn
　北京虎彩文化传播有限公司印刷

◆ 开本：787×1092　1/16
　印张：11.25　　　　　　　2015 年 12 月第 1 版
　字数：232 千字　　　　　2023 年 8 月北京第 6 次印刷

定价：49.80 元

读者服务热线：(010)81055256　印装质量热线：(010)81055316
反盗版热线：(010)81055315
广告经营许可证：京东市监广登字 20170147 号

前言

Photoshop是由Adobe 公司开发的图像处理软件，是目前平面设计领域应用最多的平面设计软件，Photoshop CS6是Adobe公司历史上最大规模的一次产品升级后的代表产品，它是集图像扫描、编辑修改、图像制作、广告创意、图像输入与输出于一体的图形图像处理软件，深受广大平面设计人员和电脑美术爱好者的喜爱。

图像时代的文化活动总是以视觉的方式传达给受众，从而引起观者的新奇感受。Photoshop CS6具有更直观的用户体验和更强大的编辑自由度，大大提高了工作效率，成为图形图像处理软件中的翘楚。本书编者结合笔者多年的实际教学经验，通过图文结合、实例对应的形式循序渐进地向读者介绍了Photoshop CS6创作各类作品的制作方法和技巧，思路清晰、易懂易学。

全书共6章，在全面讲授基本操作的前提下，通过对Photoshop CS6功能的系统学习，结合实践案例，以移动平台广告、网络广告、DM广告、UI图标和创意海报等各类平面设计专题为载体，让读者能够在专业应用案例中举一反三，掌握相应的软件功能和操作技巧。

全书以"截图+详解+实例演示"的模式将软件操作的重点、难点化整为零，通俗易懂、详尽准确地提炼出实例的操作要领。典型案例的针对性讲解和书中的知识点环环相扣，确保读者能够快速理解、掌握每一个操作细节。另外，每章的末尾会将本章的重点、难点以轻松巧妙的练习形式提炼出来，以充实扩展读者的知识与技巧。本书配有PPT教学课件、案例操作源文件及相关素材，读者可到人民邮电出版社教学服务与资源网（www.ptpedu.com.cn）免费下载。

本书适用于初、中级平面设计读者，也可作为商业设计制作人员和高等院校相关专业师生的参考用书。

本书由程晓春、李洋、甘露、汪维丁共同编写，其中，程晓春负责第1～3章的编写工作及第5～6章知识点讲解部分，李洋负责第4章的编写工作及第5～6章的案例工作，汪维丁、甘露负责文章整体结构、前言及编审工作，书中所使用的图片均由汪维丁老师拍摄。在此感谢所有编写人员对本书创作所付出的努力。

由于时间仓促，本书在编写过程中难免有疏漏之处，恳请广大专家和读者不吝赐教，我们将认真听取您的宝贵意见和建议，谢谢！

编 者

2015年5月

目录

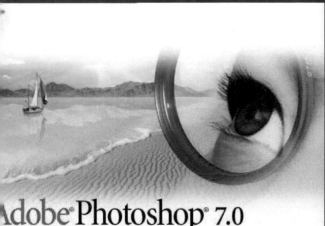

第1章

Photoshop简介

↗ **本章知识重点**

▶ 1. 走进Photoshop的世界

▶ 2. 图像处理基础知识

▶ 3. Photoshop CS6新功能介绍

▶ 4. Photoshop CS6的基本操作

1.1 走进Photoshop的世界

1.1.1 Photoshop的历史

Adobe Photoshop，简称"PS"，是由Adobe公司开发和发行的图像处理软件。Photoshop主要处理以像素构成的数字图像，使用的图像编辑与绘图工具，对图像进行有效的后期处理。Photoshop功能强大，在图像、图形、文字、视频、出版等各方面都有涉及。

1990年2月，Photoshop 1.0.7正式发布，如图1-1所示。

1991年6月，Adobe发布了Photoshop 2.0，提供了很多更新的工具，如CMYK颜色以及Pen tool（钢笔工具），最低内存需求从2MB增加到4MB，这对提高软件稳定性有着重大的影响，如图1-2所示。

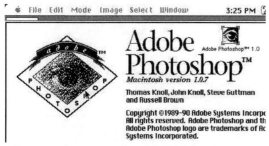

图1-1　Photoshop 1.0.7的启动页面

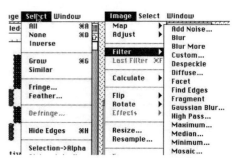

图1-2　Photoshop 2.0的发行引发桌面印刷革命

1993年，Adobe开发了支持Windows版本的Photoshop，代号为Brimstone，而Mac版本为Merlin。这个版本增加了Palettes和16-bit文件支持。2.5版本主要特性是支持Windows，如图1-3所示。

1994年，Photoshop 3.0正式发布，全新的图层功能也在这个版本中崭露头角。这个功能具有革命性的创意：允许用户在不同视觉层面中处理图片，然后合并成一张图片。启动界面如图1-4所示。

图1-3　第一个运行在Windows平台的Photoshop 2.5

图1-4　Photoshop 3.0启动界面

1997年9月，Adobe Photoshop 4.0发布，此版本主要改进的是用户界面。Adobe在此时决定把

Photoshop的用户界面和其他Adobe产品统一化，此外程序使用流程也有所改变。4.0版本的启动界面如图1-5所示。

1998年5月，Adobe Photoshop 5.0发布。5.0版本引入了 History Palette(历史面板)功能，这是一个实现多重撤消操作的完美方法，其中的非线性历史操作令人耳目一新，毫无疑问，这也是一个重大的升级。色彩管理也是5.0版本的一个新功能，"图层样式"也是在此版本中加入的新功能，这是Photoshop历史上的一个重大改进，如图1-6所示。

图1-5　Photoshop 4.0启动界面

图1-6　引入了 History Palette（历史面板）Photoshop 5.0

1999年，Adobe Photoshop 5.5发布，主要增加了支持Web功能和包含ImageReady2.0，启动界面如图1-7所示。

2000年9月，Adobe Photoshop 6.0发布，经过改进，Photoshop与其他Adobe工具交换更为流畅，此外Photoshop 6.0引进了形状（Shape）这一新特性。图层风格和矢量图形也是Photoshop 6.0的两个特色。其启动界面如图1-8所示。

图1-7　支持Web功能Photoshop 5.5

图1-8　Photoshop 6.0引进了Shape特性

2002年3月，Adobe Photoshop 7.0发布。Photoshop 7.0适时地增加了Healing Brush等图片修改工具，还增加了一些基本的数码相机功能，如EXIF数据、文件浏览器等。其启动界面如图1-9所示。

2003年，Photoshop 7.0.1发布，它加入了处理最高级别数码格式RAW(无损格式)的插件。

2003年10月，Adobe再次给Photoshop用户带来惊喜，新版本Photoshop不再延续以前的命名方法，称之为Photoshop 8.0，而将之命名为Photoshop Creative Suite，即Photoshop CS，支持相机

RAW2.x，Highlymodified "SliceTool"，阴影/高光命令、颜色匹配命令、"镜头模糊"滤镜、实时柱状图，使用Safecast的DRM复制保护技术，支持JavaScript脚本语言及其他语言。其启动界面如图1-10所示。

图1-9　Photoshop 7.0支持许多数码特性　　　　　图1-10　增强数码暗房支持的Photoshop CS

我们可以通过图1-11，观察到Photoshop各版本工具面板的变化。

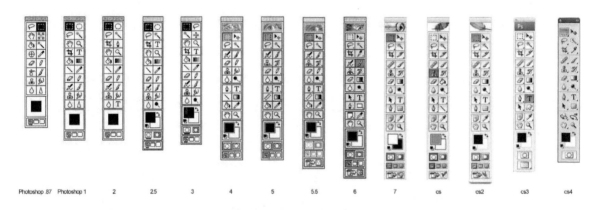

图1-11　Photoshop各版本的工具面板

2005年4月，Adobe Photoshop CS2发布，Photoshop CS2是对数字图形编辑和创作专业工业标准的一次重要更新。它作为独立软件程序或Adobe Creative Suite 2的一个关键构件来发布。Photoshop CS2引入强大和精确的新标准，提供数字化的图形创作和控制体验。其新特性有：支持相机RAW3.x、智慧对象、图像扭曲、点恢复笔刷、红眼工具、镜头校正滤镜、智慧锐化、Smart Guides、消失点、改善64-bit Power PC G5Macintosh计算机运行Mac OSX10.4时的内存管理，支持高动态范围图像（High Dynamic Range Imaging）、改善图层选取（可选取多于一个图层），如图1-12所示。

2006年，Adobe发布了一个开放的Beta版Photoshop Lightroom，这是一个巨大的专业图形管理数据库。

2007年4月，Adobe Photoshop CS3发布，CS3可以使用于英特尔的麦金塔平台。其新特性有：增进对WindowsVista的支持，全新的用户界面，对Feature additions to Adobe Camera RAW、快速选取工具、曲线、消失点、色版混合器、亮度和对比度、打印对话窗的改进，黑白转换调整，自动合并和自动混合，智慧（无损）滤镜，移动器材的图像支持，Improvements to cloning and healing，更完整的32bit/HDR支持，快速启动， 如图1-13所示。

图1-12　Photoshop CS2

图1-13　CS3（Creative Suite 3）系列创意软件包

2008年，Adobe发布了基于闪存的Photoshop应用，提供有限的图像编辑和在线存储功能。

2009年，Adobe为Photoshop发布了iPhone(手机上网)版，从此PS登录了手机平台。

2009年11月7日， Photoshop Express发布，以免费的策略冲击移动手机市场手机版的Photoshop可以做些简单的图像处理。其特点为：支持屏幕横向照片，重新设计了线上、编辑和上传工作流，增加了在一个工作流中按顺序处理多个照片的能力，重新设计了管理图片，简化了相簿共享，升级了程式图标和外观，查找和使用编辑器更加轻松； 同时可以向Photoshop和社交网站Facebook上传图片。

2010年5月12日，Adobe Photoshop CS5，加入了编辑→选择性粘贴→原位粘贴→编辑→填充、编辑→操控变形功能，画笔工具得到加强。其启动界面如图1-14所示。

2012年3月22日， Adobe Photoshop CS6Beta公开测试版发布，包含Photoshop CS6和Photoshop CS6 Extended的所有功能，新功能有内容识别修复，能利用最新的内容识别技术更好地修复图片。另外，Photoshop采用了全新的用户界面，背景选用深色，以便用户更关注自己的图片启动界面，如图1-15所示。

图1-14　Photoshop CS5启动界面

图1-15　Photoshop CS6启动界面

2013年2月16日，发布Adobe Photoshop v1.0.1版源代码。

2013年6月17日，Adobe在MAX大会上推出了最新版本的Photoshop CC（CreativeCloud）。其新功能包括：相机防抖动功能、Camera RAW功能改进、图像提升采样、属性面板改进、Behance集成以及同步设置等。

1.1.2　Photoshop的应用领域

Photoshop作为图像处理领域最优秀的软件之一，在艺术设计的众多行业都有涉及，深受广大平面设计师和电脑美术爱好者的喜爱。

平面设计是Photoshop应用最为广泛的领域之一，不管是杂志和书籍的封面设计，还是生活中常见的招帖、海报，这些具有丰富图文信息的平面印刷品，基本上都需要用Photoshop对图像进行处理。

照片修复是Photoshop另一个重要的应用领域，随着数码摄影的普及，照片的后期处理变得越来越重要。Photoshop具有强大的图像修复功能，这一重要的功能在CS6版本中得到了加强。利用这些功能，可以快速修复一张破损的老照片，也可以修复人脸上的斑点等缺陷以及数码相机拍摄时的光线、构图、镜头变形等问题。

广告摄影对画面的视觉效果要求非常高，拍摄后都需要经过Photoshop的后期修改才能得到满意的效果。

图像创意也是Photoshop的特长，通过Photoshop的处理可以将原本真实世界不可能产生的事物组合在一起，并使用后期编辑的方法达到以假乱真的效果。

艺术文字效果，从5.0版本开始有了图层效果功能，可以为设计师制作出具有视觉冲击力的文字。利用Photoshop可以使文字发生各种各样的变化，并利用这些艺术化处理后的文字为图像增加效果。

网络的普及是促使更多人掌握Photoshop的一个重要原因。图片是网页中必不可少的元素，在制作网页时Photoshop也是必不可少的网页图像处理软件。

建筑效果图后期处理中Photoshop的应用也十分广泛，在制作许多三维场景时，后期添加的人物、配景及场景的颜色常常需要在Photoshop中增加并调整。

在三维软件中，如果制作出了精良模型但没有为模型应用逼真的帖图，也得不到较好的渲染效果。实际上在制作材质时，除了要依靠软件本身具有的材质功能外，还可以利用Photoshop制作在三维软件中无法得到的合适的材质。

在数码绘画领域，由于Photoshop具有丰富的画笔选项与调色功能，可以完美地模拟出铅笔、水彩画笔、油画笔等传统绘画的效果，许多插画师的工作流程往往都是使用铅笔绘制草稿，然后用Photoshop填色的方法来绘制插画，甚至整张插画全部都在Photoshop里面完成。

UI界面设计是一个新媒体的领域，已经受到越来越多软件开发者的重视，绝大多数UI界面设计师都是使用Photoshop进行设计。

1.2 图像处理基础知识

1.2.1 矢量图与位图

在学习之前，先来了解什么是矢量图和位图。

矢量图是根据几何特性来绘制图形，矢量图的对象可以是一个点或一条线，每个对象都是一个自成一体的实体，它具有颜色、形状、轮廓、大小和屏幕位置等属性。它只能靠软件生成，文件占用的空间较小。它的特点是放大后图像不会失真，和分辨率无关，适用于图形设计、插图设计、文字设计和一些标志设计、版式设计等，如图1-16所示。

位图也叫点阵图，又称栅格图，一般用于照片品质的图像处理，最小单位由像素构成，每个像素有自己的颜色信息，能表现出颜色阴影的变化。我们可以改变图像的色相、饱和度、明度，从而改变图像的显示效果，常用于图片后期处理、广告设计等领域，如图1-17所示。

图1-16　矢量图

图1-17　位图

矢量图和位图的最大区别是：矢量图由于不受分辨率限制，可以任意放大和缩小，色彩饱和度高，常用于平面图形的绘制；而位图的分辨率直接影响图像的清晰程度，适合表现复杂的、连续色调的图像，常用于照片后期处理领域，Photoshop是最著名的位图处理软件。

1.2.2 像素与分辨率

"像素"（Pixel）是用来计算数码影像的一种单位，数码影像具有浓淡的连续性色调，我们若把影像放大数倍，会发现这些连续色调其实是由许多色彩相近的小方点所组成，这些小方点就是构成影像的最小单位——"像素"，如图1-18所示。

图1-18　像素

"分辨率"是和图像清晰度密切相关的一个重要概念，它是衡量图像细节表现力的技术参数，它表示画面中长和宽的每一个方向上的像素数量。分辨率越高，可显示的细节越多，画面就越精细，也会增加文件占用的存储空间。在Photoshop中图像分辨率所使用的单位是ppi（Pixel Per Inch），即图像中每英寸所显示的像素数目。还有另外一个和分辨率有关的单位是dpi（Dot Per Inch）。实际上dpi和ppi在概念上非常相似，dpi一般被用在印刷输出设备上，原因是输出时需要在纸张上以"点"为单位来印刷，所以用dpi作单位。在实际工作中，图像应用于不同的媒体所需要的图像分辨率是不同的，印刷行业有一个标准：300dpi，即指用来印刷的图像分辨率必须≥300dpi，低于这个数值印刷出来的图像不够清晰。如果用普通的家用或用于屏幕显示的图片，只需要72dpi就可以了。

1.2.3 图像的色彩模式

颜色模式是将某种颜色表现为数字形式的模型，或者说是一种用数字信息表示图像颜色的方式，其分为：RGB模式、CMYK模式、Lab模式、位图模式、灰度模式等。

1. RGB模式

RGB模式是业界的一种颜色标准，也是Photoshop的默认色彩模式。自然界中所有的颜色都可以用红、绿、蓝(RGB)这三种颜色组合而得，这就是人们常说的三基色或三原色。它为图像中每一个像素分配一个0～255范围内的数值，使它们按照不同的比例混合，通过对红(Red)、绿(Green)、蓝(Blue)三个颜色通道的变化以及它们相互之间的叠加来在屏幕上重现16777216种颜色。颜色越叠加，数值越大，就越明亮，这称为色光加色法。这个标准几乎包括了人类视觉所能感知的所有颜色，电视机和计算机的监视器都是基于RGB颜色模式来创建其颜色的。

2. CMYK模式

CMYK是一种印刷色彩模式，其中4个字母分别指：青色（Cyan）、品红色（Magenta）、黄色（Yellow）和黑色（blacK），它分别代表印刷中四种油墨的颜色。在CMYK模式中，光线照到不同比例C、M、Y、K油墨的纸上，部分光谱被吸收后，反射到人眼的光产生颜色。眼睛看到的颜色实际上是物体吸收白光中特定频率的光而反射其余的光的颜色，和RGB相反，颜色越叠加，数值越大，就越灰暗，所以CMYK模式产生颜色的方法又称为色光减色法。

3. Lab模式

Lab模式，L为无色通道，a为yellow-bule通道，b为red-green通道，是目前比较接近人眼视觉显示的一种颜色模式，它显示的色彩范围比RGB和CMYK宽，在Photoshop中通常暂时转换为该模式用于图像颜色的调整。

4. 灰度(Grayscale)模式

灰度模式可以使用多达256级灰度来表现图像，使图像的过渡更平滑细腻。灰度图像的每个像素有一个0（黑色）～255（白色）之间的亮度值。灰度值也可以用黑色油墨覆盖的百分比来表示（0%等于白色，100%等于黑色）。

我们在实际工作中运用最多的就是RGB和CMYK两大颜色模式，这两种不同的颜色模式有着不同的应用领域。CMYK和RGB相比最大的不同如下。

RGB模式是一种自发光的色彩模式，在一间黑暗的房间内仍然可以看见屏幕上的内容，它按照"加色原则"成色，颜色的数值越大，颜色的明度越大。在屏幕上显示的图像，就是通过RGB模式来表现的，如图1-19所示。

CMYK模式是一种依靠反射光的色彩模式，我们之所以能看到报纸的内容，是因为光线照射到报纸上再反射到我们的眼中。它按照"减色原则"成色，颜色的数值越大，颜色越深。在印刷品上看到的图像，就是通过CMYK模式来表现的，如图1-20所示。

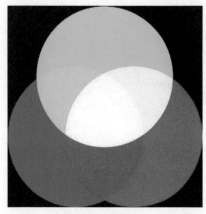

图1-19　RGB模式　　　　　　　　　图1-20　CMYK模式

9

—— 小技巧 ——

请注意，在Photoshop中，准备用于印刷的图像，应使用CMYK模式。如果是RGB模式的图像，必须将其转换为CMYK模式，若以RGB模式输出图片进行印刷，印刷品的实际颜色将与RGB预览颜色有较大的差异。

1.2.4 常用图像文件的格式

1. PSD格式

PSD图像文件格式是Photoshop CS6软件生成的格式，是唯一能支持全部图像色彩模式的格式。以PSD格式保存的图像文件包含图层、通道及色彩模式。再次打开PSD文件时可以进行任意的修改。以PSD格式保存的图像包含了图层、通道等众多的数据信息，虽然在保存时进行了适当的压缩，但图像文件仍然很大，比其他格式的图像文件占用更多的磁盘空间。

—— 小技巧 ——

若要保留图像数据信息以便下次继续编辑，应将文件保存为PSD格式。

2. GIF格式

GIF图像文件格式是CompuServe提供的一种格式。由于GIF图像文件格式占用较少的磁盘空间，因此常用于网页制作中， GIF格式还可以制作成动画文件（GIF Animation）。

3. JPEG格式

JPEG图像文件格式也叫JPG格式，是应用十分广泛的一种图像格式，绝大多数的设备都支持JPEG格式，主要用于图像预览及超文本文档，如HTML文档等。使用JPEG格式保存的图像经过高倍率的压缩可使图像文件变得较小，占用磁盘空间较少，但会丢失部分不易察觉的数据，所以在印刷时不宜使用此格式。

—— 小技巧 ——

JPEG图像文件格式是一种压缩技术，主要用于具有色彩通道性能的照片图像中。图像文件如果只用于预览、欣赏、素材，或为了方便携带，可保存为JPEG格式。

1.3 Photoshop CS6新功能介绍

1.3.1 裁剪工具

Photoshop CS6将裁剪工具进行了很大改进。与以往版本不同的是，Photoshop CS6的裁剪工具用移动影像来取代移动裁剪框，并且新增了非破坏性裁剪这一亮点。属性工具栏上的"删除裁剪的像素"预设为勾选（√），与过去一样因裁剪去掉的部分就不能恢复了。当"删除裁剪的像素"取消勾选（√）后，就是非破坏性裁剪，只要在图内单击一下，原先的图层就可以恢复显示，方便重新裁剪，避免了裁剪后因没有保存备份而造成无法还原的后果，如图1-21所示。

另外在Photoshop CS6的裁剪工具中，添加了全新的透视裁剪工具。透视裁剪工具可以把具有透视的影像进行裁剪，并把画面拉直纠正成正确的视角，如图1-22所示。

完成效果

图1-21　裁剪工具　　　　　　　　　　　　　图1-22　透视裁剪

1.3.2 内容感知移动工具

Photoshop CS6全新的"内容感知移动工具"，让"内容识别"功能在照片处理中更加简单，也让"内容识别"功能有更多的用途。它只需选择照片场景中的某个物体，然后将其移动到照片中的任何位置，经过Photoshop CS6的计算，便可完成极其真实的合成效果。"内容感知移动工具"对于照片处理的利用率显然要比"内容识别"高很多，并且该工具使用方法也更加简单，如图1-23和图1-24所示。

图1-23　原图　　　　　　　　　　　　　图1-24　内容感知移动工具

1.3.3 全新的模糊方式

Photoshop CS6在模糊工具中新增加了场景模糊（Field Blur）、光圈模糊（Iris Blur）和倾斜偏移（Tilt-Shift）三种全新的模糊方式，通过非常简单的操作在后期编辑照片时创造媲美真实相机拍摄的景深效果。

1. 场景模糊

在Photoshop以往版本中，要想为照片添加景深效果，大都是通过蒙版、通道和模糊滤镜对照片进行处理以模拟镜头景深，有些使用者甚至使用第三方插件模拟景深。这些方法操作复杂，特别是第三方插件在处理时的处理速度十分缓慢。

在Photoshop CS6中，制作景深的方法非常简单，只需通过场景模糊滤镜便可以完成景深的后期加工，如图1-25和图1-26所示。

图1-25 原图　　　　　　　　　　　图1-26 场景模糊

2. 光圈模糊

光圈模糊命令较场景模糊命令操作更加简单。它是通过添加控制点、调整控制模糊作用范围以及过渡层次得到一种自然的大光圈镜头景深效果，如图1-27和图1-28所示。

图1-27 原图　　　　　　　　　　　图1-28 光圈模糊

3. 倾斜偏移

倾斜偏移是用来模拟移轴镜头的虚化效果，如图1-29和图1-30所示。

图1-29 原图　　　　　　　　　　　图1-30 倾斜偏移

1.3.4 后台存储和自动恢复

为了避免因出现意外情况而造成编辑后的文件丢失的情况，Photoshop CS6新增了自动恢复选项。这一功能可在暂存盘中创建一个名为"PSAutoRecover"的文件夹，将我们正在编辑的图像备份到该文件夹中，并且每隔10分钟便会存储当前的工作内容。

当文件正常关闭时，会自动删除备份文件，如果文件非正常关闭，则重新运行Photoshop时会自动打开并恢复该文件。自动恢复选项在后台工作，因此其存储编辑内容不会影响我们的正常工作。

1.4 Photoshop CS6的基本操作

1.4.1 Photoshop的工作界面

Photoshop CS6 的工作界面默认为深灰色显示，与之前的版本相比，更加简洁、美观。工作界面去除了应用程序栏，由菜单栏、工具箱、图像窗口、操作控制面板等组成，如图1-31所示。

图1-31 工作界面

1.4.2 了解菜单栏

Photoshop CS6的菜单栏共提供了11 个菜单，它包含了该软件中所有能运用的命令，包括文件、编辑、图像、图层、文字、选择、滤镜、视图、窗口和帮助菜单。单击菜单栏中的命令，就会打开相应的菜单。

1. "文件"菜单

"文件"菜单中集中了对文件的操作命令，其中包括新建、打开、存储、导入、打印等操作命令，如图1-32所示。

2. "编辑"菜单

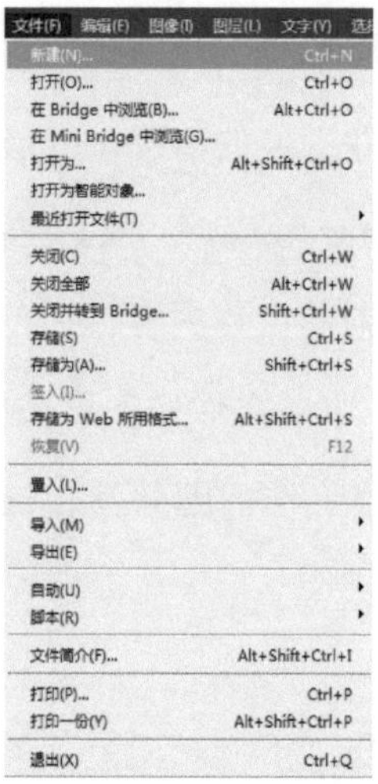

"编辑"菜单集中了对图像进行还原、剪切、复制、清除、填充、描边等的操作命令,如图1-33所示。

3. "图像"菜单

"图像"菜单用于对图像进行常规编辑,主要包含对图像的自动颜色、自动色调、自动调整等操作命令,如图1-34所示。

4. "图层"菜单

"图层"菜单用于对图层的控制和编辑,其中包括新建图层、复制和删

图1-32 "文件"菜单

图1-34 "图像"菜单

图1-33 "编辑"菜单

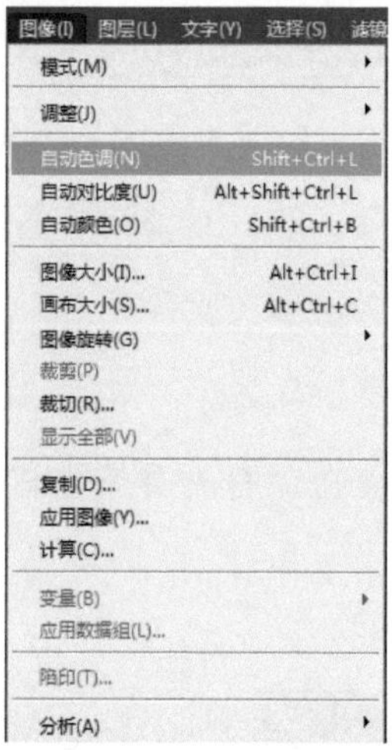

除图层,选择其中的菜单命令,即可执行相应的操作,如图1-35所示。

5. "文字"菜单

"文字"菜单是Photoshop CS6中新增的菜单命令,用于对创建的文字进行调整和编辑,包括面板、消除锯齿、文字变形、字体预览大小、栅格化文字图层等操作命令,如图1-36所示。

6. "选择"菜单

"选择"菜单用于执行对选区的控制,可以对选区进行反向、修改和变换选区等操作,如图1-37所示。

7. "滤镜"菜单

"滤镜"菜单中包含了所有的滤镜命令,通过执行相应的命令,可以对图像添加各种特殊效果,其中包含了液化、风格化、模糊、锐化等操作命令,如图1-38所示。

8. "视图"菜单

"视图"菜单是对图像的视图进行调整,包括按屏幕大小缩放、屏幕模式、标尺、对齐、锁定参考线、新建和清除参考线等操作命令,如图1-39所示。

图1-35 "图层"菜单

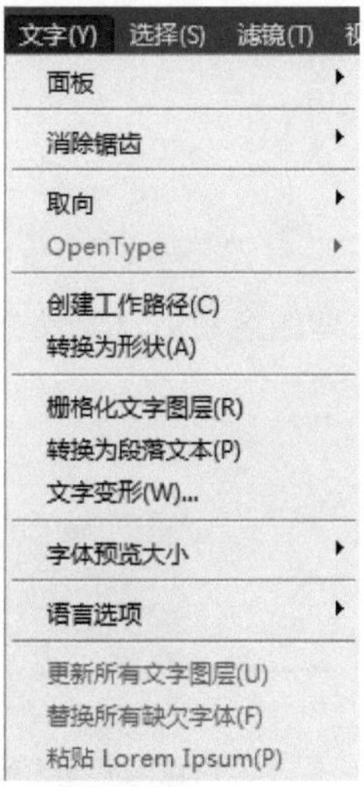

图1-36 "文字"菜单

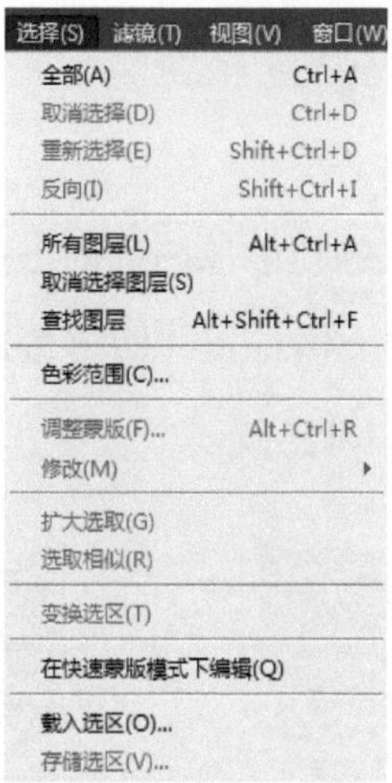

图1-37 "选择"菜单

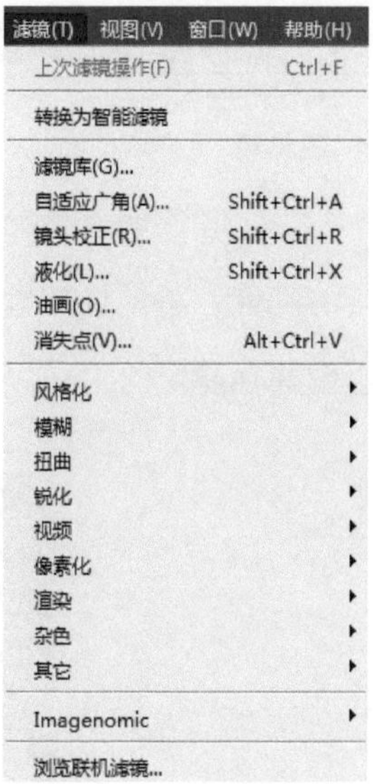

图1-38 "滤镜"菜单

9. "窗口"菜单

利用"窗口"菜单命令可以对工作区进行调整和设置,在该菜单命令下,可以对操作面板进行显示或隐藏,如图1-40所示。

10. "帮助"菜单

"帮助"菜单命令可以帮助用户解决一些疑问,如对Photoshop 中某个命令或功能不懂时,可以通过"帮助"命令寻求帮助,如图1-41所示。

图1-39 "视图"菜单

图1-41 "帮助"菜单

图1-40 "窗口"菜单

1.4.3 工具箱和工具选项栏

1. 工具箱

工具箱将Photoshop CS6的功能以图标的形式聚在一起，从工具的形态和名称就可以了解该工具的功能，将鼠标放置到某个图标上，即可显示该工具的名称，若长按按钮图标，会显示该工具组中其他隐藏的工具，如图1-42所示。

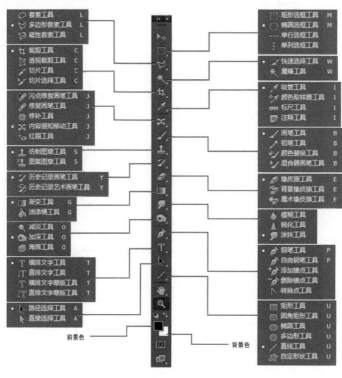

图1-42　工具箱

2. 工具选项栏

工具选项栏默认位于菜单栏的下方，用于设置工具的属性，它会随着所选工具的不同而变换属性内容。

在工具箱中选择一个工具之后，工具选项栏中就会显示该工具对应的属性设置。我们以"矩形选框工具"为例，来认识一下工具选项栏，如图1-43所示。

图1-43　工具选项栏

1.4.4 常用面板的介绍及操作

面板汇集了Photoshop 操作中常用的选项和功能，在"窗口"菜单下提供了20多种面板命令，选择相应的命令就可以在工作界面中打开相应的面板。利用工具箱中的工具或菜单栏中的命令编辑图像后，使用面板可进一步细致地调整各选项，将面板功能应用于图像上。本节我们着重讲解一下图层面板、通道面板、路径面板、颜色面板、段落面板、字符面板、历史记录面板、导航器面板，信息面板、样式面板。

1. "图层"面板

"图层"面板是Photoshop CS6中最常用的面板之一，可对图像的图层添加效果、创建新图层、调整图层，还可以为图层添加图层蒙版、设置图层之间的混合模式和不透明度等，如图1-44所示。

2. "通道"面板

"通道"面板显示编辑图像的所有颜色信息，可通过对不同通道进行编辑来管理颜色通道，如图1-45所示。

图1-44 "图层"面板　　　　图1-45 "通道"面板

3. "路径"面板

"路径"面板中记录了在操作过程中创建的所有工作路径，通过"路径"面板可以创建新路径、更改路径名称以及将路径转换为选区等，如图1-46所示。

4. "颜色"面板

"颜色"面板用于设置前景色和背景色颜色，在面板中单击右侧的前景色色块，即可设置前景色，单击背景色色块，即可设置背景色，默认情况下为黑白色，单击并拖曳右侧的滑块位置，就可设置选择的背景色颜色，如图1-47所示。

图1-46 "路径"面板　　　　图1-47 "颜色"面板

5. "段落"面板

"段落"面板用于设置与文本段落相关的选项，通过"段落"面板可以快速调整段落间距，为段落设置不同的缩进效果等，如图1-48所示。

6. "字符"面板

在编辑或修改文本时，通过"字符"面板可对创建的文本进行编辑和修改，可设置或更改文本的字体、大小、颜色、间距等，如图1-49所示。

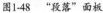

图1-48　"段落"面板　　　　图1-49　"字符"面板

7. "历史记录"面板

在编辑图像时，我们每进行一步操作，Photoshop都会将其记录在"历史记录"面板中。通过该面板可以将图像恢复到操作过程中的某一步状态，也可以再次回到当前的操作状态，或者将处理结果创建为快照或新的文件，如图1-50所示。

8. "导航器"面板

"导航器"面板用来观察图像，可以方便地进行图像的缩放，在面板的左下角有百分比数字，可以直接输入百分比，按【Enter】键后，图像就会按输入的百分比显示，在导航器中会有相应的预视图，也可用鼠标拖动浏览器下方的小三角来改变缩放的比例，滑动栏的两边有两个形状的小图标，左边的图标较小，单击此图标可使图像缩小显示，单击右边的图标，可使图像放大，如图1-51所示。

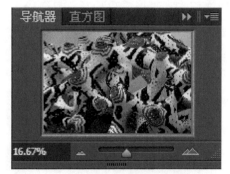

图1-50　"历史记录"面板　　　　图1-51　"导航器"面板

9. "信息"面板

"信息"面板可提供鼠标所在位置的色彩信息及x和y的坐标值。如果选择不同的工具，还可通过信息面板得到大小、距离和旋转角度等信息，如图1-52所示。

10."样式"面板

"样式"面板是图层风格效果的快速应用，它可以迅速实现图层特效。Photoshop预设了丰富的风格样本数据库，在制作立体按钮等效果时可以直接利用，如图1-53所示。

图1-52　"信息"面板　　　　图1-53　"样式"面板

1.4.5 文件的基本操作

在文件选项的下拉菜单中汇集了对文件的操作命令，其中包括新建、打开、存储、导入、打印等操作命令。下面我们来了解一下最常用的新建、打开、存储命令的基本操作。

1. 新建图像文件

（1）执行"文件"菜单中的"新建"命令或按快捷键（Ctrl+N），会弹出"新建"对话框，在"新建"对话框中键入图像的名称，也可从"预设"菜单选取常用的文档尺寸，如图1-54所示。

图1-54　"新建"对话框

（2）从"大小"菜单中选择一个预设，或在"宽度"和"高度"文本框中输入值设置宽度和高度。

—— 小技巧 ——

注意：如果将某个选区复制到剪贴板，新建的图像尺寸和分辨率会自动基于被复制图像的数据。

（3）新建文件的分辨率，其单位有"像素/英寸"和"像素/厘米"。通常选择"像素/英寸"。分辨率的大小决定文件的质量。

（4）根据作品的用途选择色彩模式。最常用的文件模式为RGB颜色及CMYK颜色模式。

（5）新建文件的背景层的颜色。

①白色：用白色（默认的背景色）填充背景图层。

②背景色：用当前背景色填充背景图层。

③透明：使第一个图层透明，没有颜色值。最终的文档内容将包含单个透明的图层。

（6）必要时，可单击"高级"按钮以显示更多选项进行设置。

—— 小技巧 —————————————————————————————————

　　注意：对于"像素长宽比"，除了用于视频的图像，都选取"方形像素"。对于视频图像，请选择其他选项以使用非方形像素。

（7）设置后，单击"确定"按钮以建立新文件。

2. 打开文件

（1）执行"文件"菜单中的"打开"命令，会弹出"打开"对话框，如图1-55所示。

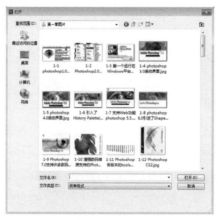

图1-55　"打开"对话框

（2）在"查找范围"中选择文件的存储路径。

（3）选择要打开的文件的名称。如果文件未出现，可从"文件类型"弹出式菜单中选择"所有格式"，以打开所有可以被Photoshop支持的格式。

（4）选好要打开的文件后，单击"打开"按钮。

—— 小技巧 —————————————————————————————————

　　如果出现颜色配置文件警告消息，请指定是使用嵌入的配置文件作为工作空间，将文档颜色转换为工作空间，还是撤消嵌入的配置文件。

3. 打开最近使用的文件

执行"文件"菜单中的"最近打开文件"命令，并从子菜单中选择一个文件。

4. 保存图像文件

（1）执行"文件"菜单中的"储存"命令，或选择"文件"菜单/"存储为"命令，弹出"存储为"对话框，如图1-56所示。

图1-56 "存储为"对话框

—— 小技巧 ——

按住键盘上的Shift+Ctrl+S组合键可以打开"存储为"对话框。

（2）在"保存在"下拉菜单中选定文件存放的路径，如图1-57所示。

图1-57 "保存在"下拉菜单

（3）在"文件名"文本框中输入要保存的图像文件的名称，如图1-58所示。

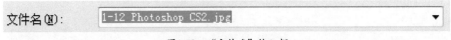

图1-58 "文件名"输入框

（4）在"格式"下拉菜单中选择图像文件的保存格式。默认的文件格式为.psd，还有JPEG、GIF等格式，如图1-59所示。

图1-59 "格式"选项的下拉菜单

小技巧

　　为了能够顺利打开文件并便于编辑文件，在保存文件的时候一定要设置好文件的存储路径、名称和格式，并养成经常存盘的好习惯。

　　①JPEG格式：它是一种图像压缩文件格式，也是应用非常广泛的文件格式之一。当选择JPEG格式时，会弹出"JPEG 选项"对话框，如图1-60所示。

　　"图像选项"中的品质，是设置文件的压缩比，12为最佳，数值越小，压缩比越大，文件品质越差。

　　②PSD格式：它是Photoshop软件所独有的一种文件格式，只有Photoshop软件才能打开并编辑。

5. 关闭图像文件

　　（1）执行"文件"菜单中的"关闭"命令，即可关闭当前使用的一个图像文件窗口，而不会关闭其他图像文件窗口；要想关闭所有已经打开的图像文件窗口，执行"文件"菜单中的"关闭全部"命令，即可关闭所有已经打开的图像文件窗口，如图1-61所示。

图1-60　　"JPEG选项"对话框

图1-61　　"关闭"图像文件菜单

小技巧

　　按住键盘上的【Ctrl+W】组合键，也可以关闭当前使用的图像文件；按住键盘上的【Alt+Ctrl+W】组合键，即可关闭所有打开的图像文件。

　　（2）关闭编辑和处理过的图像文件时，会弹出提示框，提示是否在关闭前对已经修改的图像文件进行保存，如图1-62所示。

图1-62　　"是否保存文件"提示框

（3）单击"是"按钮，图像文件被修改的部分将被存储在关闭后的文件中。

（4）单击"否"按钮，图像文件被修改的部分将不被保存。

（5）单击"取消"按钮，图像文件将不会被关闭，继续处于编辑状态。

1.4.6 标尺、参考线和网格的设置

Photoshop里的辅助工具是指用来帮助完成图像处理的工具，主要包括：标尺、网格和参考线以及标尺工具与注释工具。

1. 标尺

标尺可帮助精确定位图像或元素。如果显示标尺，标尺会出现在现用窗口的顶部和左侧。当移动指针时，标尺内的标记会显示指针的位置。更改标尺原点（左上角标尺上的 (0, 0) 标志）可以从图像上的特定点开始度量。标尺原点也确定了网格的原点。要显示或隐藏标尺，执行"视图"菜单中的"标尺"命令，或按快捷键Ctrl+R。双击标尺可以打开"单位&标尺参数设置"对话框。再次执行"视图"菜单中的"标尺"命令（Ctrl+R），则可以隐藏标尺，如图1-63所示。

—— 小技巧 ————————————————————————————

也可以在信息面板上的选项菜单中选择标尺度量单位。

2. 参考线

参考线显示为浮动在图像上方的一些不会打印出来的线条，可以移动或移除参考线；还可以锁定参考线，从而不会将之意外移动。

智能参考线可以帮助对齐形状、切片和选区。当绘制形状、创建选区或切片时，智能参考线会自动出现。如果需要可以隐藏智能参考线，如图1-64所示。

图1-63　显示标尺　　　　　　　　　　图1-64　显示参考线

当执行"视图"菜单中"新建参考线"命令时，会弹出"新建参考线"对话框，设置各选项参数，可以精确地在当前文件中新建参考线，如图1-65所示。

图1-65　"新建参考线"对话框

—— 小技巧 ————

如果当前文件已显示标尺，将鼠标移动到标尺的任意位置，单击标尺并向画面中拖动，可以为画面添加参考线。将鼠标移动到参考线上，当鼠标显示为图标时，单击参考线并拖动鼠标，可以改变参考线的位置。如果想删除文件中的参考线，只需用鼠标拖曳参考线到图像外即可。

3. 网格

网格工具用于在图像上显示出网格线，对于处理一些需要精准位置关系的图像有较好的辅助作用。执行"视图"菜单下的"显示"中的"网格"命令或按快捷键【Ctrl+'】，即可在当前打开的文件页面中显示网格，如图1-66所示。再次执行"视图"菜单下的"显示"中的"网格"命令，则可隐藏文件中的网格。

图1-66　显示网格

使用标尺工具▦可测量工作区内任意两点之间的距离。当测量两点间的距离时，会绘制一条不会打印出来的直线。

在两点之间进行测量，需执行以下操作。

（1）在工具箱中选择标尺工具（它位于吸管工具组中，如果标尺未显示，请按住"吸管"工具）。

（2）从起点拖移到终点。按住【Shift】键可将工具限制为45°增量。

（3）要从现有测量线创建量角器，请按住【Alt】键，并以一个角度从测量线的一端开始拖动，或双击此线并拖动。按住【Shift】键可将工具限制为45°的倍数。

1.4.7 图层的原理和图层面板

1. 图层的原理

在Photoshop中，图层是图像信息的平台，它是图像构成的重要组成单位，承载了几乎所有的编辑操作，是重要的功能之一。

图层就像在一张张透明的纸上作画，通过上面的透明纸，可以看到下面纸上的内容，也可以更改图层的不透明度以使内容部分透明，如图1-67所示。

无论在一个图层中如何编辑，都不会影响到另外的图层，但上面一层的图像会遮挡住下面的图像。然后将这些透明纸按照顺序叠放起来，组合形成最终的图像效果。图层中可加入文本、图像、表格等。

图层的使用给我们的工作带来了许多便利，提高了图片编辑的工作效率。用户可以通过对其中某一个图层的编辑来改变图层，而其他图层不会受到影响。

2. "图层"面板

"图层"面板是Photoshop的重要控制调板之一，它列出了图像中的所有图层、图层组和图层效果。对Photoshop"图层"的管理和编辑操作都可以在"图层"面板中实现，如新建图层（图层组）、删除图层、设置图层属性、添加图层样式以及图层的调整编辑等。

执行"窗口"菜单中的"图层"命令，可弹出"图层"面板，如图1-68所示。

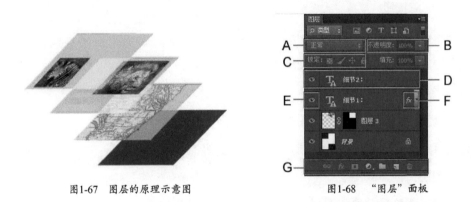

图1-67　图层的原理示意图　　　　　图1-68　"图层"面板

图1-68中，A为混合模式，B为不透明度，C为锁定功能，D为当前工作图层，E为指示图层可见性，F为图层样式，G为图层快捷按钮。

从图中我们可以看出"图层"面板是从上至下开始的。列出了图像中的各个图层和图层组。我们可以对图层进行各种操作来完成对图层的编辑。

—— 小技巧

按键盘F7键可快捷打开"图层"面板。

（1）混合模式。

用于设置图层特殊的"混合模式"菜单（正常、溶解、变暗等）。

（2）不透明度。

设置图层图像的透明程度。

（3）锁定功能。

可以完全或部分锁定图层以保护其内容。例如，如果想在所选定的图层上不应用相应的功能，则可以通过单击各个项目并锁定。

■锁定透明像素：将图层的编辑范围限于只针对图层的不透明部分。

■锁定图像像素：可以防止使用绘画工具修改图层的像素。

■锁定位置：图层的像素将不会被移动。

■锁定全部：锁定全部图层。

（4）当前工作图层。

选定的当前工作图层。

（5）指示图层可见性。

该图层处于可视状态。单击■，可显示或隐藏某个图层。

（6）图层样式。

图层特殊效果的显示方式。

（7）图层快捷按钮。

■链接图层：该图层链接到现用图层。

■添加图层样式：在选定的工作图层上设置新样式。

■添加图层蒙版：为图层添加蒙版。

■添加调整图层：创建新的填充图层或调整图层。

■创建新组：根据编辑内容的不同种类创建图层组。

■创建新图层：创建新图层。

■删除图层：删除当前选定图层。

1.4.8 撤销、还原、恢复和历史记录

Photoshop CS6提供了多种方法来完成撤销操作，可通过"编辑"菜单、"文件"菜单及"历史记录"面板来完成。

1. 恢复

执行"文件"菜单中的"恢复"命令，或按快捷键F12，将使文件恢复到最后一次保存的状态，如果没有保存的话，将恢复到打开时的状态，如图1-69所示。

2. 还原

在"编辑"菜单下执行"还原"【Ctrl +Z】"前进一步"【Shift+Ctrl+Z】或者"后退一步"【Alt+Ctrl+Z】，也可以撤销当前编辑内容，如图1-70所示。

3. 历史记录面板

执行"窗口"菜单中的"历史记录"命令，会弹出"历史记录"面板。在Photoshop中的每个操作步骤都在历史记录面板里面。默认状态下历史记录面板可以记录20步操作。想撤销到哪一步，就单击那一步。通过历史记录面板，既可以恢复也可以撤销，如图1-71所示。

图1-69 "恢复"命令　　　　　　图1-70 "还原"命令　　　　　　图1-71 "历史记录"面板

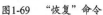—— 小技巧 ——

撤销多步可以直接在历史记录面板单击需要撤销到的那一步，或者是使用连续撤销快捷键：Ctrl+Alt+Z来撤销多步。

本章小结

通过本章的学习，我们初步了解了Photoshop的发展史，以及该软件在各个领域的应用，同时我们还了解了图像处理的基本常识，以及Photoshop CS6的新功能和Photoshop CS6的一些基本操作，在操作中我们应该注意以下几点。

1．在新建文件的时候，一定要设置好文件的宽度和高度，并且注意选择后面的单位，同时还应注意到分辨率的设置，通常用于网页等屏幕显示时分辨率应设置为72dpi，当文件需要用于印刷时，应将分辨率设置为300dpi甚至更高。

2．在编辑文件的时候，应该养成经常存盘的习惯，以免文件因意外而丢失。在保存文件的时候，应该选择好存储路径，并设置好文件名称以及文件格式。

习　题

1. 填空题

（1）在Photoshop中，用于印刷图像时，应使用_____颜色模式。

（2）用于印刷的文件，其分辨率最低应为_____dpi。

（3）按住_____键可以新建文件。

（4）按住_____键可以连续撤销多步。

2. 选择题

（1）Photoshop CS6是_____处理软件。

A．矢量图　　　　B．文本

C．图像　　　　　D．影视编辑

（2）可以保留图像、图层数据信息，以便下次接着编辑的文件格式是_____。

A．gif　　　　　B．jpg

C．psd　　　　　D．tif

（3）当分辨率越高时，其图像品质_____。

A．越高　　　　　B．越低

C．不变　　　　　D．较差

3. 简答题

（1）请简述标尺的作用以及设置。

（2）请简述Photoshop CS6的全新的模糊方式。

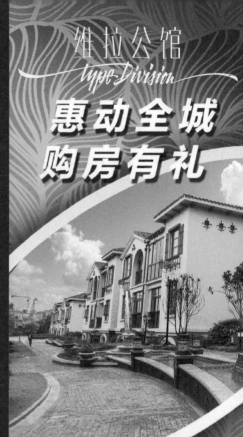

第2章

制作移动平台广告

↗ **本章知识重点**

► 1. 图层的应用   ► 5. 使用调整图层

► 2. 添加图层样式   ► 6. 智能对象图层

► 3. 图层蒙版   ► 7. 创建和编辑文字

► 4. 填充图层

2.1 行业相关背景知识介绍

2.1.1 移动平台广告的特点

随着互联网和手机平台的广泛使用，以移动终端为广告媒体的广告传播形式日益普及。移动平台广告能有效实现更加智能的广告匹配和高效的广告资源利用。移动互联网环境下的广告已覆盖Android、iOS系统等，广告形式包括弹出式广告、插屏广告、Banner广告、推送（Push）广告、图标广告等诸多种类。其中最为常见的插屏广告和弹出式广告的设计，会在本章和第3章的案例中作详细讲解。

插屏广告作为移动平台广告传播的一种常见形式，具有强烈的视觉效果，是目前移动平台广告主流的广告形式之一。其在应用开启、暂停、退出时以半屏或全屏的形式弹出，展示时巧妙避开了用户对应用的正常体验，而不易引起用户的反感。目前互联网使用者中，手机终端用户已经超过PC端用户，这种广告形式为广告主带来了巨大的收益，成为各公司推广必用的手段。

相对于传统媒体广告的表现形式单一、目标受众定位模糊的劣势，插屏广告的优势主要体现在：第一，广告出现在App应用和手机游戏中，在用户使用App的间歇期显示广告，最大限度地降低了广告对用户体验的影响；第二，广告的尺寸比较大，传递的信息更丰富，广告目标群定位精准，用户的点击率非常高，通常在15%以上。

2.1.2 移动平台广告的技术要求

由于移动平台的用户群主要是时下追求自我个性时尚的年轻人、公司白领、在校的大学生等，故移动平台广告的设计风格应以年轻时尚的生活元素为主，以色彩鲜明、动感科技的时尚画面迎合这一群体的审美需求。

技术要求上，设计者要关注主流手机屏幕尺寸的大小，确定制作的插屏图片的文件尺寸，适应主流用户群的观看体验。同时应在不同的手机系统和不同尺寸的手机屏幕上进行测试。对于网页和移动终端，Photoshop中的新建文件单位都应设定为像素（PX），对应的分辨率也为固定的72像素/英寸（ppi），颜色模式为RGB模式。本例将采用1280像素×720像素的尺寸标准来进行设计。

任务描述

这一章我们将学习移动平台广告中的主要形式——插屏广告设计。通过这一章的学习，我们将掌握图层的一些相关知识和应用。最终在移动终端中的显示效果如图2-1所示。

图2-1　插屏广告显示效果

2.2 Photoshop相关知识点应用

2.2.1 图层的应用

在1.4.7节中，我们讲解了图层的原理和图层面板，下面我们就来具体讲解一下图层的应用。"图层"菜单中提供了一些基本操作。单击图层会弹出"图层"菜单列表，如图2-2所示。

（1）新建图层【Shift+Ctrl+N】：创建新的透明图层

执行"图层"菜单中的"新建图层"命令，会弹出"新建图层"对话框，如图2-3所示。单击"确定"按钮，即可新建一个图层。可以在名称框中为该图层命名，这样有利于图层的管理和操作。

新建图层除了上面讲述的方法以外，也可以用鼠标左键单击"图层"面板底部的"创建新图层"按钮 来创建新的空白图层。如图2-4所示。

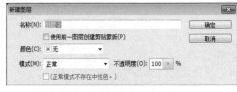

图2-2 "图层"菜单　　　　　图2-3 "新建图层"对话框　　　　图2-4 创建新图层

（2）复制图层：复制图层面板上被选定的图层。

执行"图层"菜单中的"复制图层"命令，会弹出"复制图层'对话框，如图2-5所示。单击"确定"按钮，即可复制一个图层。在"为（A）"后面的输入框中，可以为复制后的图层命名。

也可以在"图层"面板中，选中需要复制的图层，然后按住鼠标左键不放，并将该图层拖动至"图层"面板底部的 "新建图层"按钮■上后松开鼠标左键，这样就可以得到一个复制图层，如图2-6所示。

图2-5 "复制图层"对话框　　　　　　图2-6 复制图层

（3）删除图层：删除选定的图层。

执行"图层"菜单中的"删除"命令，在弹出的下拉菜单中选择"图层"选项，弹出信息提示框，询问是否删除该图层。单击"是"按钮，即可删除该图层，如图2-7所示。

图2-7 "删除图层"对话框

也可通过单击"图层"面板底部的"删除图层"按钮🗑删除图层。

（4）新建填充图层：在图层上生成填充了纯色、图案以及渐变的新图层。

（5）新建调整图层：在调整图层上可将颜色和色调调整应用于图像，而不会永久更改像素值。

（6）图层蒙版：向图层添加蒙版，然后使用此蒙版隐藏部分图层内容并显示下面的图层内容。

（7）矢量蒙版：向图层添加矢量蒙版，矢量蒙版与分辨率无关，可使用钢笔或形状工具创建。

（8）栅格化：将文字图层或形状图层转换为普通图层。

（9）图层编组：将相关内容的图层创建为一个图层组。

（10）隐藏图层：隐藏选定图层。

（11）排列：将选定的图层移动到顶层、向上移动一层、向下移动一层、移动到底层。

（12）对齐：应用该命令可以将选定图层上的图像对齐。

（13）分布：调整图层的间隔。

（14）锁定组内的所有图层：可以使链接图层不移动，或者保护图层的图像。

（15）链接图层：选择此命令可以将两个或多个图层链接在一起，使其中一个图层被移动或缩放时，其他链接图层同时随之一起移动或缩放。

（16）选择链接图层：该命令可以使已经存在链接关系的图层处于选中状态。

（17）合并图层：将图层与下级图层合并为一个图层。

（18）合并可见图层：将图像图层面板中的所有可见图层合并为一个图层。

（19）拼合图像：将图像图层面板中的所有图层合并为一个图层。

（20）修边：可以去掉图层中不想要的边缘像素。

2.2.2 添加图层样式

在Photoshop中，"图层样式"是为图片制作效果的重要工具之一，它可以应用于图片除背景以外的任意一个图层。图2-8所示是应用了多种效果的"图层样式"的图层面板。

图2-8中，A为图层样式图标；B为单击箭头展开和显示图层样式；C为图层效果。

在"图层"面板中，单击需要添加图层样式的图层，单击"图层"面板底部的"添加图层样式"按钮，会出现"图层样式"列表，列表包括斜面和浮雕、描边、内阴影、外发光、光泽等图层样式，如图2-9所示。

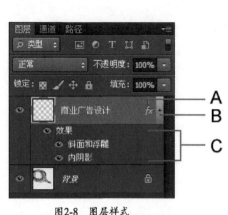

图2-8　图层样式　　　　　　　　　　　图2-9　"图层样式"列表

1. 混合选项

在列表中选择"混合选项"命令，会弹出"图层样式"对话框，如图2-10所示，该对话框中包含了可以选择的图层样式选项组，以及"混合选项"选项组。若选择左侧的图层样式项，则右侧会出现相应的参数设置项。

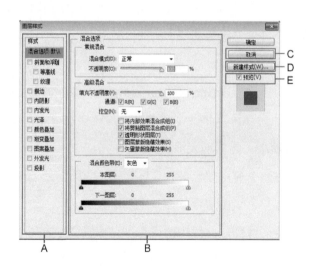

图2-10　"图层样式"对话框

图2-10中各项介绍如下。

A为样式："样式"菜单里提供了可以在图层内容上添加的样式功能选项。

B为混合选项：混合选项分为常规混合、高级混合和混合颜色带。其中常规混合用来设置图层的混合模式和不透明度。高级混合用来设置图层的填充不透明度和通道中RGB值的颜色设置，此外还提供了"挖空"功能，它可以透视当前图层的下级图层。混合颜色带用来设置调整选定图层的亮度和图像的通道。

C为取消按钮：按下键盘上的【Alt】键，则该按钮会变成"复位"按钮，单击"复位"按钮，可以恢复初始设置。

D为新建样式：单击该按钮可以创建新的预设样式。

E为预览：勾选前面方框，则可以通过预览形式显示当前设置的特殊效果的状态。

—— 小技巧 ——

不能将图层样式应用于背景或者锁定的图层、图层组中。

2. 各种图层样式的效果介绍及应用

（1）斜面和浮雕：是Photoshop图层样式中最复杂的一种，其中包括内斜面、外斜面、浮雕、枕形浮雕和描边浮雕，虽然每一项中包含的设置选项都是一样的，但是制作出来的效果却大相径庭，如图2-11所示。

①外斜面：沿图像边缘线向外应用高光和阴影效果，形成立体感。

②内斜面：沿图像边缘线向图像内应用高光和阴影效果，形成立体感。

③浮雕：以图像的边缘线为基准，向内应用高光效果，向外应用阴影效果。

④枕形浮雕：枕形浮雕相对较为复杂，它是以图像边缘线通过雕刻形态表现立体效果。枕形浮雕是内斜面和外斜面的混合体。

⑤描边浮雕：它是对图像应用描边效果后，通过对描边的色彩产生明暗变化，形成的立体效果。

图2-11 应用斜面和浮雕效果

（2）描边：该图层样式的功能是使用颜色、渐变或图案在当前图层上描绘轮廓。"描边"选项卡的调整效果如图2-12所示。

图2-12　应用描边效果

（3）内阴影：Photoshop CS6内阴影是紧靠图像内容边缘内侧产生"阴影"效果。与投影所不同的是，投影的阴影效果是在图像的后面，而内阴影则是在图像内侧，其设置方式与投影相同。投影效果可以想象为一个光源照射平面对象的效果，而内阴影则可以想象为光源照射球体的效果，如图2-13所示。

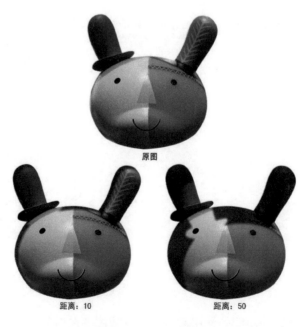

图2-13　应用内阴影效果

（4）内发光：紧靠图像内容边缘向内的发光效果。其操作方法同"外发光"，添加了内发光效果的图片，如图2-14所示。

图2-14 应用内发光效果

（5）光泽：应用创建光滑光泽的内部阴影，有时也译作"绸缎"，用来在图层的上方添加一个波浪形（或者绸缎）效果。它的选项虽然不多，但是很难准确把握，有时候设置数值微小的差别都会使效果产生很大的区别。我们可以将光泽效果理解为光线照射下的反光度比较高的波浪形表面（如水面）显示出来的效果，如图2-15所示。

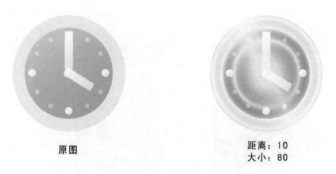

图2-15 应用光泽效果

（6）颜色叠加：用颜色填充图层内容，该选项卡的调整效果如图2-16所示。

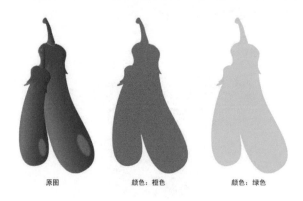

原图　　　　颜色：橙色　　　　颜色：绿色

图2-16　应用颜色叠加效果

（7）渐变叠加：该样式可在图像上应用渐变，可以任意设置特定颜色的渐变组合应用在图像上。"渐变叠加"选项卡的调整效果如图2-17所示。

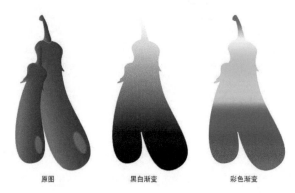

原图　　　　黑白渐变　　　　彩色渐变

图2-17　应用渐变叠加效果

（8）图案叠加：该样式是在图像上应用图案，除了可以应用Photoshop预设的图案外，还可以自行设定图案。该选项卡的调整效果如图2-18所示。

原图　　　　　　图案叠加效果

图2-18　应用图案叠加效果

（9）外发光：为图像边缘的外部添加发光效果，在弹出的"图层样式"对话框中，由于默认混合模式是"滤色"，因此背景为白色时无法显示出效果。要在白色背景上显示外发光效果，必须将混合模式设置为"滤色"以外的其他选项，其他各选项的操作方法请参阅"投影"部分学习。应用外发光的效果如图2-19所示。

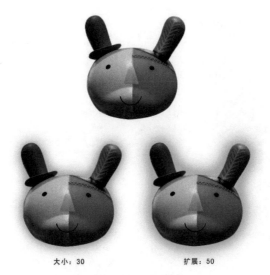

大小：30　　　　　　　　　扩展：50

图2-19 应用外发光效果

（10）投影：为图层中图像后面添加阴影。

Photoshop 可以在图层中图像的后面添加阴影效果，使图像产生有层次的空间感。设置投影后的效果如图2-20所示。.

选择"投影"样式之后，会弹出"投影"样式对话框，如图2-21所示。

图2-20 设置投影样式后的效果

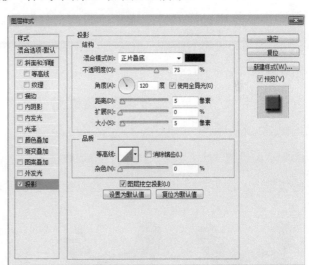

图2-21 "投影"样式对话框

对话框的右侧包括"结构"和"品质"两大部分。

其中"结构"中包括"混合模式""不透明度""角度""距离""扩展""大小"各调整选项。

①混合模式：因为阴影的颜色较深，所以这个值的默认设置为"正片叠底"，不需作修改。单击"混合模式"选项右侧的颜色框，打开"选取投影颜色"对话框，可以调整投影的颜色，如

图2-22所示。

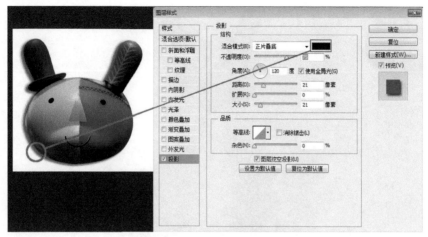

图2-22　设置投影颜色

② 不透明度：默认值是75%，通过对这个值的调整来改变阴影的颜色深浅，这个值越大，颜色越深，反之值越小，颜色越浅，如图2-23所示。

③ 角度：调整光照角度，默认值为30°。通过拖动指针来改变投影角度，也可以通过改变输入框中的数值改变投影角度。选中"使用全局光"复选框，可使图层上所有与光源有关的效果使用相同方向的光照，如图2-24所示。

④ 距离：使用鼠标单击并拖动"距离"选项滑块或直接在文本框中输入数值，可调整Photoshop 图像和投影的距离，值越大，图像和投影间的距离越大，反之，值越小，图像与投影间的距离越小，如图2-25所示。

⑤ 扩展：设置 "扩展"选项参数，值越大，阴影的边缘越清晰，反之，值越小，阴影边缘越模糊，如图2-26所示。

⑥ 大小：设置"大小"选项参数，可调整投影的大小。在 "扩展"值固定的情况下，"大小"的值越大，投影的应用范围越宽，轮廓也会变得越柔和，如图2-27所示。

不透明度：50　　　不透明度：100

图2-23　设置不透明度

投影角度：30°　　　投影角度：180°

图2-24　设置投影角度

距离: 10　　　　距离: 30

图2-25　设置投影距离

扩展: 0　　　　扩展: 50

图2-26　设置投影扩展值

大小: 10　　　　大小: 30

图2-27　设置投影大小值

"品质"中包括"等高线"和"杂色"等调整选项。

① 等高线：单击"等高线"图标，打开"等高线编辑器"对话框，编辑曲线；或单击"预设"选项右侧的三角按钮，在下拉列表中可以选择自带的多种类型的投影形态，如图2-28所示。

② 杂色：设置"杂色"选项，可以在阴影上应用点状的杂点，显示出一种粗糙的感觉，数值越大，杂点越多，如图2-29所示。

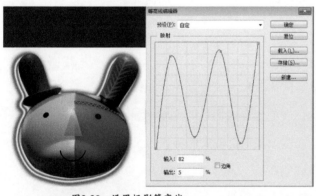

图2-28　设置投影等高线

图2-29　为投影添加杂色效果

2.2.3 图层的混合模式

"图层混合模式"是Photoshop CS6中的核心功能之一，也是图像处理中较为常用的一种技术手段。它决定当前图层中的像素与其下面图层中的像素以何种模式进行混合。

在学习"图层混合模式"之前，我们首先需要懂得3个术语：基色、混合色和结果色。

（1）基色：指当前图层之下的图层的颜色。

（2）混合色：指当前图层的颜色。

（3）结果色：指混合后得到的颜色。

Photoshop CS6中有27种图层混合模式，每种模式都有其相应的运算公式。因此，对于同样的图像，应用不同的图层混合模式，会得到完全不同的图像效果，如图2-30所示。

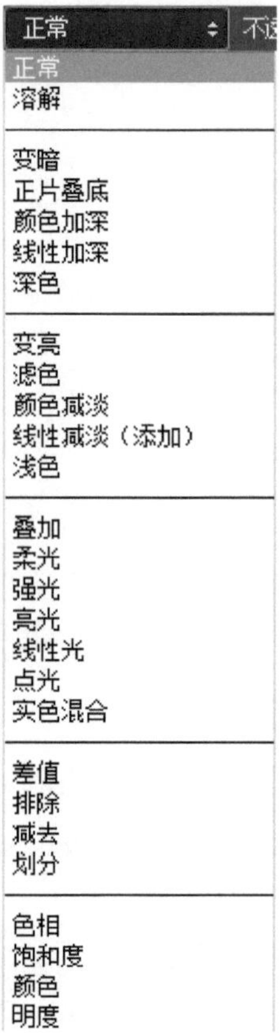

1. 正常混合模式

正常混合模式是默认模式，显示图像的初始状态。

2. 溶解混合模式

溶解混合模式是用结果色随机取代具有基色和混合色的像素。

3. 变暗混合模式

变暗混合模式通过查看每个通道中的颜色信息，选择基色或混合色中较暗的颜色作为结果色。亮于混合色的颜色将被替换，而暗于混合色的颜色保持不变。

4. 正片叠底混合模式

正片叠底混合模式将基色与混合色进行正片叠底，它形成一种类似光线穿透图层的幻灯片效果。

5. 颜色加深混合模式

颜色加深混合模式通过增加二者之间的对比度使基色变暗，从而显示当前图层的混合色。

6. 线性加深混合模式

线性加深混合模式通过降低其亮度使基色变暗来反映混合色。如果混合色与基色呈白色，混合后将不会发生变化。混合色为黑色的区域均显示在结果色中，而白色的区域消失，这就是线性加深混合模式的特点。

7. 深色混合模式

深色混合模式通过比较混合色和基色的所有通道值的总和，选择基色和混合色中最小的通道值来创建结果色，它不会生成第三种颜色。

8. 变亮混合模式

变亮混合模式与变暗混合模式的结果相反。它将基色或混合色中较亮的颜色作为结果色。通过比较基色与混合色，比混合色暗的像素被替换，而比混合色亮的像素则保持不变，从而使整个图像产生变亮的效果。

图2-30　"图层混合模式"列表

9. 滤色混合模式

滤色混合模式与正片叠底混合模式相反，它将图像的基色与混合色结合起来产生比两种颜色浅的第三种颜色，通过该模式转换后的效果颜色通常很浅，结果色总是较亮的颜色。由于滤色混合模式的工作原理是保留图像中的亮色，此效果类似于多个摄影幻灯片在彼此之上投影。

10. 颜色减淡混合模式

颜色减淡混合模式用于查看每个通道的颜色信息，通过降低对比度使基色变亮，从而反映混合色。

11. 线性减淡混合模式

线性减淡混合模式与线性加深混合模式的效果相反，它通过增加亮度使基色变亮以反映混合色。它所产生的亮化效果比滤色混合模式和颜色减淡混合模式强烈。与白色混合时图像中的色彩信息降至最低，与黑色混合不会发生变化。

12. 浅色混合模式

浅色混合模式依据当前图像混合色的饱和度直接覆盖基色中高光区域的颜色。基色中包含的暗调区域不变，被混合色中的高光色调所取代，从而得到结果色。

13. 叠加混合模式

叠加混合模式是正片叠底混合模式和滤色混合模式的一种混合模式。该模式是将混合色与基色相互叠加，同时保留基色的明暗对比，不替换基色，但基色与混合色相混以反映原色的亮度或暗度。

14. 柔光混合模式

柔光混合模式是根据混合色的明暗来决定图像的最终效果是变亮还是变暗。此效果类似于一盏发散的聚光灯照在图像上。若混合色亮于基色，那么结果色会更亮；若混合色比基色暗，那么结果色会更暗，从而增大图像的亮度反差。

15. 强光混合模式

强光混合模式是正片叠底混合模式与滤色混合模式的组合，它可以产生强光照射的效果。它根据当前图层颜色的明暗程度来决定最终的效果是变亮还是变暗。如果混合色比基色亮，那么结果色会更亮；如果混合色比基色暗，那么结果色会更暗。它对于添加图像阴影有非常明显的效果。

16. 亮光混合模式

亮光混合模式通过增加或减小对比度来加深或减淡颜色。它是颜色减淡混合模式与颜色加深混合模式的组合，它可以使混合后的颜色更饱和。

17. 线性光混合模式

线性光混合模式是线性减淡混合模式与线性加深混合模式的组合。它通过增加或降低当前图层颜色亮度来加深或减淡颜色。与强光混合模式相比，线性光混合模式可使图像产生更高的对比度，也会使更多的区域变为黑色或白色。

18. 点光混合模式

点光混合模式是根据混合色替换颜色。若当前图层颜色比50%的灰亮，则比当前图层颜色暗的像素被替换，而比当前图层颜色亮的像素不变；若当前图层颜色比50%的灰暗，则比当前图层颜色亮的像素被替换，而比当前图层颜色暗的像素不变。这对于向图像添加特殊效果非常有用。

19. 实色混合混合模式

实色混合模式将混合颜色的红色、绿色和蓝色通道值添加到基色的 RGB 值。当混合色比50%灰亮时，基色变亮；当混合色比50%灰暗时，会使底层图像变暗。此模式会将所有像素更改为主要的加色（红色、绿色或蓝色），白色或黑色。

—— 小技巧 ——

对于 CMYK 图像，"实色混合"会将所有像素主要更改为减色（青色、黄色或洋红色），白色或黑色。

20. 差值混合模式

差值混合模式将混合色与基色的亮度进行对比，它从基色中减去混合色，或从混合色中减去基色，用较亮颜色的像素值减去较暗颜色的像素值，所得差值就是最后效果的像素值。与白色混合将反转基色值；与黑色混合则不产生变化。

21. 排除混合模式

排除混合模式创建一种与差值混合模式相似但对比度更低的效果。但排除混合模式具有高对比度和低饱和度的特点，比差值混合模式的效果要柔和、明亮。白色作为混合色时，图像反转基色；黑色作为混合色时，图像不发生变化。

22. 减去混合模式

减去混合模式从基色中减去混合色。在 8 位和 16 位图像中，如果出现负数值就会剪切为零。

23. 划分混合模式

划分混合模式是用基色分割混合色。基色数值大于或等于混合色数值时，混合出的颜色为白色；基色数值小于混合色数值时，结果色比基色更暗，因此结果色对比非常强。白色与基色混合得到基色，黑色与基色混合得到白色。

24. 色相混合模式

色相混合模式是选择基色的亮度和饱和度值与混合色进行混合而创建的效果，混合后的亮度及饱和度取决于基色，但色相取决于混合色。

25. 饱和度混合模式

饱和度混合模式是在保持基色色相和亮度值的前提下，用混合色的饱和度创建结果色。基色与混合色的饱和度值不同时，才使用混合色进行着色处理。当基色不变的情况下，混合色图像饱和度越低，结果色饱和度越低；混合色图像饱和度越高，结果色饱和度越高。

26. 颜色混合模式

颜色混合模式用基色的明度和混合色的色相与饱和度创建结果色。它能够使混合色的饱和度和色相同时进行着色，这样可以保留图像中的灰阶，但结果色的颜色由混合色决定。它对于给单色图像和彩色图像着色有非常好的效果。

27. 明度混合模式

明度混合模式是用基色的色相和饱和度以及混合色的明亮度创建结果色。它使用混合色的亮度值及基色中的饱和度和色相进行表现，此模式创建与颜色混合模式相反的效果。

各种图层混合模式的效果如图2-31所示。

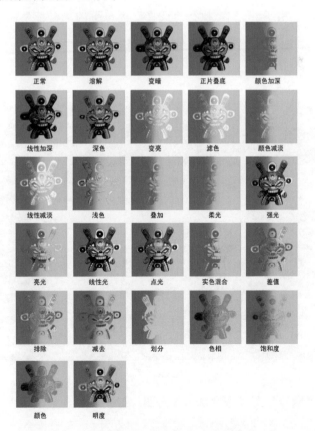

图2-31 图层混合模式的效果

2.2.4 图层蒙版

Photoshop CS6中，"图层蒙版"可以让图层中的图像部分显现或隐藏。用黑色绘制的区域是隐藏的，用白色绘制的区域是可见的，而用灰度绘制的区域则会出现在不同层次的透明区域中。我们将通过下面的例子来学习如何使用"图层蒙版"。

（1）打开素材文件"天.jpg"，如图2-32所示。

图2-32　素材"天.jpg"

（2）打开素材文件"房子.jpg"，执行"选择"菜单下的"全部"命令，并通过剪切粘贴的方式将"房子.jpg"文件中的所有图像粘贴到"天"这个文件中，成为一个新的图层，并为其添加图层蒙版，如图2-33所示。

图2-33　新建图层、添加图层蒙版

（3）单击工具箱"魔棒"工具按钮，单击图片白色区域，并执行"选择"菜单下的"选择相似"命令，创建选区，如图2-34所示。

图2-34 用"魔棒"工具单击白色区域建立选区

（4）在"图层蒙版"中将选区范围填充为黑色，如图2-35所示。

图2-35 在"图层蒙版"上将选区填充黑色

（5）执行"选择"菜单下的"取消选择"命令，或按【Ctrl+D】组合键取消选区。键盘按住【Alt】键的同时单击"图层蒙版"缩略图，在视图中查看蒙版，如图2-36所示。

图2-36 查看"图层蒙版"

（6）载入"图层蒙版"选区，键盘按下【Ctrl】键的同时单击"图层蒙版"缩略图，得到选区，并在选区内树叶区域填充渐变，如图2-37所示。

图2-37　将"图层蒙版"填充为渐变

（7）执行"选择"菜单下的"取消选择"命令，或按下【Ctrl+D】组合键取消选区，单击"图层"缩略图，显示图像，如图2-38所示。

图2-38　取消选区并显示图像

（8）最终效果如图2-39所示。

图2-39 最终效果

2.2.5 使用填充、调整图层

"填充图层"可对图像执行纯色、渐变、图案等操作，快速添加颜色、照片和渐变图案，"调整图层"用于对所有图层执行色阶、曲线、色彩平衡、亮度/对比度、色相/饱和度、可选颜色、通道混合器、渐变映射、照片滤镜、反相、阈值、色调分离等操作。如不需要这些操作，则可以删掉"填充图层/调整图层"，而不会影响其他任何图层，如图2-40所示。

默认情况下，在生成的"填充图层/调整图层"带有"图层蒙版"，取消链接后可扔掉"图层蒙版"。下面我们来学习如何创建和应用填充与调整图层。

图2-40 创建新的填充或调整图层

1. 创建填充图层

（1）纯色

鼠标左键单击"图层"面板底部的"创建新的填充或调整图层"按钮![按钮]，执行"纯色"命令，在弹出的对话框中拾取需要的颜色，如图2-41所示。

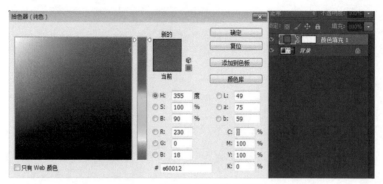

图2-41　创建新的纯色填充图层

（2）渐变

鼠标左键单击"图层"面板底部的"创建新的填充或调整图层"按钮![按钮]，执行"渐变"命令，在弹出的对话框中设置需要的渐变颜色，如图2-42所示。

图2-42　创建新的渐变填充图层

（3）图案

鼠标左键单击"图层"面板底部的"创建新的填充或调整图层"按钮![按钮]，执行"图案"命令，在弹出的对话框中选择图案，如图2-43所示。

图2-43　创建新的图案填充图层

2. 创建调整图层

鼠标左键单击"图层"面板底部的"创建新的填充或调整图层"按钮![按钮]，执行相应的"调整图层"命令。

（1）亮度/对比度

执行调整图层面板中的"亮度/对比度"命令。此功能没有"色阶和曲线"的操控选项多，可以简单调节图像的明亮度和对比度，适用于调节色彩不多的图像，如图2-44所示。

（2）色阶

执行调整图层面板中的"色阶"命令。此功能用来调节图像中的对比度、明度等色彩值。它由3个滑块组成，分别代表暗调、中间调、亮调，如图2-45所示。

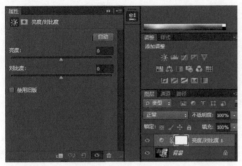 

图2-44 亮度/对比度调节　　　　　　　　图2-45 色阶调节

（3）曲线

执行调整图层面板中的"曲线"命令。此功能可以精确地改变图像的色彩变化范围。它与"色阶"的功能大致相同，操作比较灵活，它可以调节图像的任意点，可以改变图像的色阶。若要删除某一调节点，将其拖到窗口外面即可，如图2-46所示。

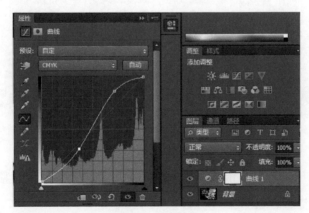

图2-46 曲线调节

（4）色相/饱和度

执行调整图层面板中的"色相/饱和度"命令。此功能可以调整图像的色相、饱和度、明度值。调整范围可以根据需要在下拉菜单中选取全图、红色、黄色、绿色等。吸管可以吸取我们要调整的颜色范围，带加号的吸管可以增加我们要调整的颜色范围，带减号的吸管则可以减少要调整的颜色范围，如图2-47和图2-48所示。

（5）色彩平衡

执行调整图层面板中的"色彩平衡"命令。此功能是对图像色彩平衡作整体的调整，可以直观地对图像增加各种颜色，如图2-49所示。

（6）照片滤镜

执行调整图层面板中的"照片滤镜"命令。此功能支持多款数码相机的RAW图像模式，它模仿照片滤镜得到更多的效果。在"滤镜"选项框中，可以选择需要的滤镜，也可以通过改变"颜色"选项框中的色彩来改变滤镜颜色。如图2-50所示。

图2-47　色相/饱和度调节

图2-48　调整范围的选择

图2-49　色彩平衡调节

图2-50　照片滤镜调节

（7）通道混合器

执行调整图层面板中的"通道混合器"命令。此功能可以通过编辑图像通道来改变图像颜色，它可以精确地调整图像，如图2-51所示。

（8）颜色查找

颜色查找是Photoshop CS6的新的调节功能，执行调整图层面板中的"颜色查找"命令。颜色查找调整层可以实现高级色彩变化，虽然此功能不是最好的精细色彩调整工具，但它能快速创建多个颜色版本，配合图层蒙版可以做到更精细的调色，如图2-52和图2-53所示。

图2-51 通道混合器调节

图2-52 颜色查找调节

原 图

图2-53 颜色查找调节后效果对比

（9）反相

执行调整图层面板中的"反相"命令。此功能可使图片变成负片，即好像相片底片一样，如图2-54所示。

（10）色调分离

执行调整图层面板中的"色调分离"命令。此功能可以减少图像层次而产生特殊的分离效果，如图2-55所示。

（11）阈值

执行调整图层面板中的"阈值"命令。此功能是根据给定的阈值将彩色图像或灰度图像转换成具有高度反差的黑白图像，如图2-56所示。

（12）渐变映射

执行调整图层面板中的"渐变映射"命令，此功能是通过图片的明暗分布把指定的渐变映射到图片上产生特殊效果。勾选"仿色"，能让渐变更加柔和，勾选"反向"，可以翻转渐变色，如图2-57所示。

（13）可选颜色

执行调整图层面板中的"可选颜色"命令，"可选颜色"是关于色彩调整的命令。它没有色阶、色彩平衡和色相饱和度那么直观，"颜色"选项框可选择需要调整的色彩，如图2-58所示。

原　图　　　　　　　　　　　　　　反　相

图2-54　反相调节后效果对比

原　图　　　　　　　　　　　　　　色调分离

图2-55　色调分离后效果对比

原　图　　　　　　　　　　　　　　阈值

图2-56　阈值前后效果对比

原图　　　　　　渐变映射

图2-57　渐变映射调节

图2-58 可选颜色调节

2.2.6 智能对象图层

"智能对象图层"是自Photoshop CS3以来新增的一种功能。鼠标右键单击图层的文字名称，选择"转换为智能对象"命令，如图2-59所示。

"智能对象图层"对其进行任意的放大缩小，该图层的分辨率都不会发生变化，而普通图层缩小后再放大，就会发生分辨率的变化，图像就会变得模糊。

双击任何一个"智能对象图层"右下角的 "智能对象图标"，会弹出一个提示对话框，如图2-60所示。

图2-59 转换智能对象图层

图2-60 提示对话框

此时，"智能对象"被单独存储为了一个PSB文件，它的内容就是我们转化为智能对象的那个图层内容。我们对这个文件进行修改，一旦保存，其他使用这个智能对象的所有文件都将随之发生变化，如图2-61和图2-62所示。

图2-61 单独的PSB文件

图2-62 编辑智能对象图层

若要取消智能图层，只需用鼠标右键单击图层执行"栅格化图层"命令即可。

2.3 综合练习——插屏广告设计

案例分析

下面我们通过设计制作一个房地产主题的插屏广告，来进一步系统地学习Photoshop CS6中图层的操作。在这个案例中，我们将综合学习图层的新建、图层中输入文字、图层样式、图层蒙版等相关知识。

知识准备

图层在Photoshop的操作中有着相当重要的作用，因此，要想熟练掌握Photoshop操作，就必须掌握图层的相关知识，做到能综合熟练地应用图层的相关功能。图2-63为本章要制作的插屏广告的最终效果。

图2-63　插屏广告

1．启动Photoshop CS6，执行"文件"菜单下的"新建"命令，新建大小为"宽度720、高度1280"，单位为"像素"，分辨率为"72像素/英寸"，RGB模式的文件，如图2-64所示。

图2-64　新建文件

——— 小技巧 ———

设计作为屏幕显示使用的文件，分辨率需设置为72dpi，单位为"像素"，颜色模式为RGB色彩模式。

2．执行"文件"菜单下的"打开"命令，打开素材"003.jpg"，如图2-65所示。

3．单击图层面板底部"创建新组"按钮■，并将该组重命名为"背景"。

4．单击"工具箱"中的"移动工具"按钮▶╋，鼠标左键单击素材图片，将其拖移到"新建文件"里，此时我们不难发现，Photoshop已经自动在"背景组"里为我们建立了一个新的图层，我们将它重新命名为"素材"，如图2-66所示。

图2-65　背景素材　　　　　图2-66　背景图层组

此时，我们需要为背景图层添加一个"图层样式"，以满足我们设计的需要。

5．单击图层面板底部的"添加图层样式"按钮fx.，在下拉菜单中选择"渐变叠加"，参数设置如图2-67所示，效果如图2-68所示。

图2-67　渐变叠加　　　　　　　图2-68　渐变叠加后的效果

6．单击"图层面板"底部的"创建新的填充/调整图层"按钮 ，在下拉菜单中选择"纯色"选项，其参数设置如图2-69所示。

7．在图层混合选项中选择"颜色"选项，如图2-70所示，效果如图2-71所示。

8．打开素材图片"002.jpg"，执行"选择"菜单下的"全部"命令，或者按住Ctrl+A组合键，将整张图片全部选取，并执行"编辑"菜单下的"拷贝"命令，或按住【Ctrl+C】组合键。回到设计文件，执行"编辑"菜单下的"粘贴"命令，或按住【Ctrl+V】组合键，如图2-72所示。

图2-69　填充图层　　　　　　图2-70　选择颜色混合模式　　　　图2-71　执行颜色混合模式后的效果

图2-72　粘贴图层

> 别墅这个图层粘贴到设计文件后应为一个单独图层，而不能成为"背景图层组"中的一个图层，所以请折叠"背景图层组"后再粘贴。

9．此时，粘贴过来的图片太大，执行"编辑"菜单下的"自由变换"命令，或按住【Ctrl+T】组合键，将图片缩小到合适大小，并用移动工具移动到如图所示位置，如图2-73所示。

10．单击"工具箱"中的"椭圆形套索工具"按钮 ⬭，建立如图2-74所示的选区。

图2-73 缩小图片

图2-74 建立选区

11．单击"图层"面板底部的 "添加矢量蒙版"按钮 ▣，此时，选区内的图像被显示，选区外的图像均被蒙版遮挡住了，如图2-75所示。

12．单击图层与蒙版间的"链接"图标，取消图层与蒙版的链接，如图2-76所示。

13．单击"工具箱"中的 "移动工具"按钮 ▸，并单击"图层缩略图"后，将图像拖动到如图2-77所示位置。

图2-75 建立图层蒙版图

图2-76 取消图层与蒙版间的链接

图2-77 移动图像

14．单击"图层"面板底部的 "添加图层样式"按钮 ，在下拉菜单中选择 "描边" 选项，具体参数设置参照图2-78。

15．重复执行第（14）步，在下拉菜单中选择"外发光"选项，具体参数设置参照图2-79，制作效果如图2-80所示。

 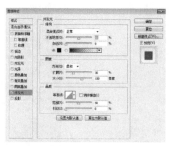 

图2-78　图层样式——描边　　　图2-79　图层样式——外发光　　　图2-80　执行图层样式后的效果

16．打开素材图片"004.jpg"，单击"工具箱"中的"魔棒工具"按钮，单击图片黑底，执行"选择"菜单下的"选择相似"命令，此时建立了一个黑底的选取框，然后执行"选择"菜单下的"反向"命令或者按【Ctrl+Shift+I】组合键，将选区反向，此时得到logo的选区，如图2-81所示。

图2-81　建立logo的选区

17．执行"编辑"菜单下的"拷贝"命令，回到设计文件，执行"编辑"菜单下的"粘贴"命令，如图2-82所示。

18．执行"编辑"菜单下的"自由变换"命令，或者按【Ctrl+T】组合键，缩小logo并移动到如图2-83所示位置。

图2-82 粘贴图层 图2-83 移动logo

19．单击"工具箱"的"横排文字工具"按钮 T ，输入文字"惠动全城 购房有礼"，字体：方正大黑，字号：110 ，按图2-84所示排列。

20．执行"编辑"菜单下的"自由变换"命令，将文字作倾斜处理，如图2-85所示

图2-84 输入文字 图2-85 变换文字

21．单击"图层"面板底部的"添加图层样式"按钮 fx. ，在下拉菜单中选择"投影"命令，参数设置如图2-86所示。

22．到这一步为止，我们的插屏广告就制作完成了，如图2-87所示。

图2-86 投影

图2-87 效果

本章小结

通过本章的学习，我们了解了Photoshop中图层的相关知识，并且学习了如何添加图层，图层的混合模式，图层蒙版的功能以及应用，如何使用填充、调整图层、智能对象等相关知识，并通过设计制作一个房地产主题的插屏广告来综合应用了这些知识，在使用相关功能时，我们应该注意如下几点。

1. 多使用【图层面板】底部的快捷按钮来完成相应的功能。例如，新建或删除图层既可以通过单击鼠标右键选择相应的命令来完成，还可以通过单击【图层面板】底部的相应按钮来完成。

2. 因插屏广告具有快速浏览的特性，因此在设计制作时，应主题突出，色彩明快、对创意的表达力求做到一目了然。

习 题

1. 填空题

（1）选择_____选项可以为图层图像制作阴影。

（2）选择_____选项，可以为图层图像制作立体效果。

（3）在图层样式中选择_____选项，可以给图像边缘的外部添加发光效果。

（4）在"图层混合模式"中，选择_____选项，可以让图像形成一种类似光线穿透图层的幻灯片效果。

2. 选择题

（1）下面_____按钮可以创建新的填充和调整图层。

A. 　　　　B.

C. 　　　　D.

（2）单击_____按钮可以创建图层组。

A. 　　　　B.

C. 　　　　D.

（3）单击_____图标可以取消图层与蒙版之间的链接。

A. 　　　　B.

C. 　　　　D.

3. 简答题

（1）简述如何新建图层。

（2）简述智能对象图层的特点。

（3）简述图层样式有哪几种选项。

（4）简述插屏广告的设计要求。

（5）简述什么是图层混合模式以及它的种类。

4. 实战操作

请结合本章中学到的图层的相关知识点，制作一幅以游戏推广为主题的插屏广告。

第3章

制作网络广告

↗ **本章知识重点**

▶ 1. 网络广告的特点

▶ 2. 网络广告的技术要求

▶ 3. 选区的应用

▶ 4. 选择的常用方法

▶ 5. 选区的基本操作

▶ 6. 选区的编辑

▶ 7. 使用绘画工具

3.1 行业相关背景知识介绍

3.1.1 网络广告的特点

在互联网时代，Photoshop不仅应用在平面设计等传统领域，而且在网络媒体下的图像处理领域也发挥着重要的作用。基于网络媒体的网络广告拥有众多传统媒体无法比拟的优势，网络广告重要的特性表现在以下几个方面。

（1）传播范围广。网络广告的传递不受时间和空间的局限，通过互联网可把广告信息全天不间断地传播到世界各地。只要具备浏览互联网的条件，任何人在任何时间、任何地点都可以阅读网络广告信息，这是传统媒介无法比拟的重要优势。

（2）时效性强。网络广告与传统媒体广告相比，具有可以动态发布广告内容并即时更新的特点。广告在传统媒介上刊播后很难更改，而且将支付极大的费用。在互联网上，广告刊播后，可以方便地根据市场的变化及营销策略的调整及时变更广告内容，使广告活动及时有效地服务于营销策略，而且广告发布的成本低。

（3）针对性强。网络广告的受众是年轻、富有活力、购买力强的群体，网络广告可以使广告主直接面对目标消费群体中最具有可能产生购买行为的潜在消费者。传统媒介发布广告很难精确统计广告信息目标受众的数量，而在互联网上可以通过统计系统精确统计出每条广告信息的接触量，更可以了解目标受众接触广告信息的时间和地区分布，从而为广告主科学地评估广告效果奠定坚实的基础。

（4）交互性好。交互性是网络广告的另一重要特点，它不同于传统媒体广告的单向式传播，它是信息的双向互动传播。用户可以获取他们认为有用的信息，厂商也可以随时得到消费者的反馈信息。从行销传播的角度观察，网络上的互动式广告有两个基本特质：一是适应个人需求而发布信息，二是广告受众自由选择信息。网络交互式广告不同于在传统媒介上出现的广告，它允许不同的受众选择不同的广告信息，以此满足个人对信息的需求。

3.1.2 网络广告的技术要求

网络广告不同于传统媒体，它的最终显示介质不是传统的纸张、广告布等，而是各种各样的屏幕，屏幕显示的特点决定了网络广告的技术要求。它要求Photoshop中新建的文档分辨率为72dpi，色彩显示模式为RGB颜色模式，单位为像素（Pixel），这些设置都是为了满足屏幕显示要求。

任务描述

这一章我们将设计制作汽车网站弹出式广告。通过这一章的学习，我们将掌握关于选择工具的相关知识和应用。最终效果如图3-1所示。

图3-1　完成效果

3.2 Photoshop相关知识点应用

3.2.1 选择工具分类

选择工具分为三大类型：规则选择工具、不规则选择工具和颜色相似或相同的选择工具。规则选择工具包括矩形选框工具、椭圆选框工具、单行和单列选框工具；不规则选择工具包括套索工具、多边形套索工具、磁性套索工具三种；颜色相似或相同的选择工具包括魔棒工具、快速选择工具。

3.2.2 选择工具的基本操作

1. 规则选择工具

其中包括：矩形选框工具、椭圆选框工具、单行和单列选框工具，它适用于有规则形状（如矩形、圆形）的图像，操作非常方便，如图3-2所示。

图3-2　规则选择工具

（1）矩形选框工具。

① 鼠标单击"工具箱"的"矩形选框工具"按钮██。

② 按住鼠标左键不放，拖动鼠标，就可以画出一个以鼠标落点为起点的矩形选框，如图3-3所示。

图3-3　矩形选框工具

　　按住鼠标左键的同时，按住键盘【shift】键，可以创建一个正方形的选区；按住鼠标左键的同时，按住键盘【Alt】键，可以创建一个以鼠标落点为中心的矩形选区；按住鼠标左键的同时，按住键盘【Alt+Shift】组合键，可以创建一个以鼠标落点为中心的正方形选区。取消选区，快捷键为【Ctrl+D】，或鼠标左键单击选区以外的任意地方也可以取消选区。

　　③ 选择矩形选框工具时，工具状态栏上有四个关于矩形选框工具的设置，如图3-4所示。

图3-4　工具状态栏

　　■ "新选区"：在图像中创建新的选择区域，它将替换原选择区域。

　　■ "添加到选区"：在图像中创建新的选择区域，与原选择区域合并成为一个新的选择区域。

　　■ "从选区减去"：在图像中创建新选择区域，它与原选择区域相交部分将从原选择区域中减去，剩余的选择区域作为新的选区。

　　■ "与选区交叉"：在图像中创建新选择区域，它与原来的选择区域相交，会把相交的部分作为新的选择区域，如图3-5所示。

图3-5　修改选区

—— 小技巧

"添加到选区": 在建立原选区基础上, 按住键盘【Shift】键再拉取新的选区。"从选区减去": 在建立原选区基础上, 按住键盘【Alt】键再拉取新的选区。"与选区交叉": 在建立原选区基础上, 按住键盘【Shift+Alt】组合键再拉取新的选区。

羽化: 可以让选区的边缘变得更加柔和、模糊, 羽化值越大, 边缘越柔和, 反之羽化值越小, 边缘越清晰, 如图3-6所示。

羽化值: 10   羽化值: 50

图3-6 羽化

（2）椭圆选框工具。

操作方法与"矩形选框工具"相同, 请参照"矩形选框工具"的操作方法。

① 鼠标单击"工具箱"选框工具扩展菜单中的"椭圆选框工具"按钮■。

② 按住鼠标左键不放, 拖动鼠标, 就可以画出一个以鼠标落点为起点的椭圆形选框, 如图3-7所示。

图3-7 椭圆选框工具

（3）单行和单列选框工具。

操作非常简单, 使用它们可以绘制出单行或单列的线条。

2. 不规则选择工具

其中包括: 套索工具、多边形套索工具、磁性套索工具三种, 主要适用于对图像中不规则部分的选取, 如图3-8所示。

图3-8　不规则选择工具

（1）套索工具。

按住鼠标左键不放，然后在图像中移动鼠标，鼠标的移动轨迹就是选择的边界，然后鼠标回到起点封闭选区。如果起点和终点不在一个点上，那么Photoshop通过直线来连接两点。该工具的优点是使用方便、操作简单，缺点是控制较难。所以，它主要运用于选择对精度要求不高的区域，如图3-9所示。

（2）多边形套索工具。

鼠标左键单击工作区域中某点为选区的起点，再次单击鼠标左键增加一个节点，需要结束时鼠标回到起点单击鼠标左键封闭选区，或双击鼠标左键。该工具的优点是选择比较精确，缺点是只能建立选择边界为直线的选区。它主要用在选择边界为直线、边界复杂的多边形的图像，如图3-10所示。

图3-9　套索工具　　　　　　　　　　　　　　图3-10　多边形套索工具

（3）磁性套索工具。

单击鼠标左键，沿图像边缘移动鼠标进行选择，它会自动识图像边缘。该工具适用于图像和背景色差别较大的边缘的选择，套索工具根据颜色差别自动勾勒出选择框，如图3-11所示。

图3-11　磁性套索工具

3. 颜色相似或相同的选择工具

其中包括：快速选择工具、魔棒工具。它们主要适用于选择背景色比较单一的图像，其操作非常简单，用鼠标单击需要选择的色块即可建立选区，是最为快捷的选取工具，如图3-12所示。

图3-12 颜色相似或相同的选择工具

（1）快速选择工具。

它利用可调整的画笔笔尖快速创建选区。当拖动鼠标时，选区会向外扩展并自动查找和跟随图像中定义的边缘。

① 鼠标单击"工具箱"的"快速选择工具"按钮 。

② 按住鼠标左键不放，对着色彩相近的区域拖动鼠标，系统就会自动选择色彩相近的区域，如图3-13所示。

图3-13 快速选择工具

──小技巧──

在建立选区时，按住键盘"["键，可快速增大"快速选择工具"的笔尖大小，按住键盘"]"键,可快速减小"快速选择工具"的笔尖大小。

③ 单击"快速选择工具"时，工具状态栏上有关于"快速选择工具"的设置，如图3-14所示。

图3-14 快速选择工具状态栏

 "新选区"：创建初始选区，在未建立任何选区的情况下的默认选项。

 "添加到选区"：在已经创建了初始选区的基础上，增加选区。

 "从选区减去"：在已经创建了初始选区的基础上，减去部分选区。

[图标]"画笔选取器"：鼠标左键单击旁边的三角形按钮，即可以打开"画笔选取器"。在弹出的菜单中，拖动滑块可以调整画笔的大小、硬度、间距以及角度等，如图3-15所示。

[图标]"对所有图层取样"：单击此功能前的方框，是对所有图层创建选区，而并非仅对当前工作图层创建选区。

[图标]"自动增强"：单击此功能前的方框，可以减少选区边界的粗糙度。它自动将选区向图像边缘作调整。

[图标]"调整边缘"：单击此选项后会弹出对话框，调整边缘参数，如"平滑""对比度""半径"等，如图3-16所示。

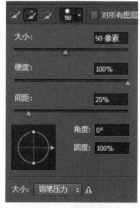

图3-15　画笔选取器

图3-16　"边缘调整"对话框

（2）魔棒工具。

可以选择颜色一致的区域，它适用于选取图像色差较大、较明显的选区，若选中会用于所有图层。

① 鼠标单击"工具箱"的"魔棒工具"按钮[图标]。

② 单击鼠标左键，单击需要选择的色块，系统会自动将点击区域周围所有色彩相似的范围建立选区，如图3-17所示。

图3-17　魔棒工具

③ 单击"魔棒工具"时，工具状态栏上有关于"魔棒工具"的设置，如图3-18所示。

图3-18 魔棒工具状态栏

■ "新选区"：在图像中创建新的选择区域，它将替换原选择区域。

■ "添加到选区"：在图像中创建新的选择区域，与原选择区域合并成为一个新的选择区域。

■ "从选区减去"：在图像中创建新选择区域，它与原选择区域相交部分将从原选择区域中减去，剩余的选择区域作为新的选区。

■ "与选区交叉"：在图像中创建新选择区域，它与原来的选择区域相交，会把相交的部分作为新的选择区域。

■ "容差"：选取的色彩范围受容差值的影响，当容差值较低时，魔棒选取与所点击的像素非常相似的颜色，而增大容差值，则可以选择更宽的色彩范围，如图3-19所示。

容差：10

容差：50

图3-19 容差值调整

3.2.3 选区的基本操作

1. 移动选区框

使用任何选择工具建立选区之后，将鼠标置于现有选区框内，鼠标指针发生更改，表示可以移动选区框。移动选区框只是调整选区边框，而图像不会受到影响，如图3-20所示。

原选区　　　　　　　　　　　　　　移动选区框

图3-20　移动选区框

──小技巧──

此操作对"快速选择工具"除外。如需移动"快速选择工具"的选区框，则需要临时切换到其他选择工具以移动此选区框。

2. 选区反向

将未选区域更改为选择区域。当图像中已经建立的选区，执行"选择"菜单中的"反向"选项，或键盘同时按住【Ctrl+Shift+I】组合键时，会把未选区域更改为选择区域，如图3-21所示。

原选区　　　　　　　　　　　　　　选区反向

图3-21　选区反向

3. 边界

执行"选择"菜单下"修改"选项中的"边界"命令，在弹出的对话框中输入相应的像素值，即可为原选区创建边界，如图3-22所示。

原选区 边界

图3-22 边界

4. 扩展或收缩选区

执行"选择"菜单下"修改"选项中的"扩展"或"收缩"命令,在弹出的对话框中输入需要扩展的像素值,对于"扩展量"或"收缩量",输入一个1~100之间的像素值,然后单击"确定",即可按特定数量的像素来扩展或者收缩选区,如图3-23与图3-24所示。

原选区 扩展

图3-23 扩展选区

原选区 收缩

图3-24 收缩选区

5. 扩大选取

执行"选择"菜单下的"扩大选取"命令,系统将包含所有位于选项栏中指定容差范围内相邻像素。如果容差值较高,则会添加范围更广的颜色,如图3-25所示。

原选区   扩大选取

图3-25　扩大选取

6. 选取相似

执行"选择"菜单下的"选取相似"命令，系统将包含整个图像中位于容差范围内的像素，而不只是相邻的像素，如图3-26所示。

原选区   选取相似

图3-26　选取相似

7. 变换选区

此功能可以改变选区形状，包括缩放和旋转等操作，变换时只是对选区框进行变换，选区内的图像不会受到影响。

执行"选择"菜单下的"变换选区"命令，将在选区框的四周出现一个带有控制点的变换框，然后执行如图3-27所示的操作。

变换选区   旋转选区

图3-27　变换选区

── 小技巧 ────────────────────────────

此变换选区结束后按下键盘【Enter】键，应用变换效果，按下键盘【Esc】键，取消变换效果，选区将保持原状。

8. 存储选区

执行"选择"菜单下的"存储选区"命令，弹出"存储选区"对话框，在"名称"框中输入选区名字，以便载入时查找，如图3-28所示。

9. 载入选区

执行"选择"菜单下的"载入选区"命令，会弹出"载入选区"对话框，将存储的选区载入图像中。如图3-29所示。

图3-28 "存储选区"对话框　　　　图3-29 "载入选区"对话框

3.2.4 选区的编辑

1. 移动选区像素

借助"移动"工具，可以将选区内像素剪切并拖动到照片中的新位置。

（1）在图像中创建一个选区框。

（2）单击"工具箱"中的"移动工具"按钮，鼠标指针移动至选区框内，当指针发生变化时即可移动图像，如图3-30所示。

原选区　　　　　　　　　　移动选区

图3-30 移动选区

── 小技巧 ────────────────────────────

使用"移动工具"还可以将选区中的图像从一张图片移入另一张图片。

2. 拷贝选区

可以使用"移动"工具或"编辑"菜单中的"拷贝""合并拷贝""剪切""粘贴"或"贴入到选区"命令来拷贝和粘贴选区。

（1）使用移动工具拷贝选区。

① 在图像中建立选区。

② 单击"工具箱"中的"移动工具"按钮 。

③ 将鼠标移动到选区框中，单击鼠标左键不放的同时按住键盘【Alt】键，当鼠标指针改变时即可拷贝选区内图像，如图3-31所示。

原选区

拷贝选区

图3-31　拷贝选区

（2）使用命令拷贝选区。

① 在图像中建立选区。

② 执行"编辑"菜单下的"拷贝"命令将选区内图像拷贝到剪贴板。或执行"编辑"菜单下的"合并拷贝"命令将所选区域中的所有图层的图像合并拷贝到剪贴板。

3. 将一个选区中的图像粘贴到另一个选区中

使用"编辑"菜单下"选择性粘贴"选项中的"贴入"命令，将拷贝到剪贴板中的图像粘贴到另一个选区中。它可以充分利用选区中的像素，可以防止粘贴后的图像看起来单调和不自然。

将选区从一个图像拷贝到另一个图像的步骤如下。

（1）打开素材图片"005.jpg"，创建一个矩形选区，如图3-32所示。

图3-32 创建矩形选区

（2）执行"编辑"菜单下的"拷贝"命令，或键盘按住【Ctrl+C】组合键，将选区内图像复制到剪贴板。

（3）打开素材图片"006.jpg"，在图像中建立如图3-33所示选区。

（4）执行"编辑"菜单下"选择性粘贴"选项中的"贴入"命令，最终效果如图3-34所示。

图3-33 创建选区

图3-34 完成效果

3.2.5 使用绘画工具

Photoshop CS6提供了用于基本绘画的绘画工具，包括画笔工具、铅笔工具、颜色替换工具、混合器画笔工具，如图3-35所示。

图3-35 绘画工具

1. 画笔工具

此功能类似于传统绘图工具中的使用画笔绘图像填色。可以选择现有预设画笔、画笔笔尖形状或从图像的一部分创建唯一的画笔笔尖。选取"画笔"面板中的选项来指定应用颜料的方式。

单击"工具箱"的画笔工具按钮 ，在图像中单击鼠标左键不放并拖动鼠标，在图像的指定部分上绘制前景色。

我们可以通过画笔工具选项栏来设置画笔的大小、形态、不透明度以及流量，如图3-36所示。

图3-36 画笔工具选项栏

（1）单击按钮 ，打开"画笔预设选取器"面板。在弹出的面板中选择画笔大小、画笔硬度以及画笔形状。单击该面板右上角的 按钮，便会弹出面板菜单。在该菜单中，可以执行各项面板命令，如新建画笔预设、重命名画笔、删除画笔、载入画笔、存储画笔等，如图3-37所示。

除了直径和硬度的设定外，Photoshop CS6还针对画笔形状提供了非常详细的设定，这使得画笔变得丰富多彩。

鼠标单击按钮 可以切换"画笔"面板和"画笔预设"面板。

（2）"画笔"面板：包含一些可用于确定如何向图像应用颜料的画笔笔尖选项。从中我们看到了熟悉的直径和硬度，它们的作用和前面我们接触过的一样，是对大小和边缘羽化程度的控制。

最下方的一条波浪线是笔刷效果的预览，相当于在图像中画一笔的效果。当更改设置以后，这个预览图也会改变，如图3-38所示。

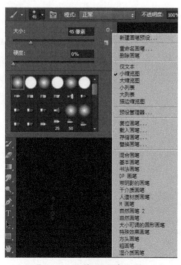

图3-37 画笔预设选取器

图3-38 画笔面板

图3-38中，A为锁定状态，B为未锁定状态，C为所选画笔笔尖，D为画笔笔尖形状设置，E为画笔描边预览，F为弹出菜单，G为画笔笔尖形状（在选择"画笔笔尖形状"选项时可用），H为画笔选项。

画笔选项可以设置画笔的大小、硬度、间距。间距选项的默认数值是25%，当我们把间距设为100%，就可以看到头尾相接依次排列的各个圆点，当设为200%，就会看到圆点之间间距增大。我们可以把笔刷看成是由许多小圆点组成的，间距是每两个圆点的圆心距离，间距越大圆点之间的距离也越大，如图3-39所示。

间距25%　　　　　　　　间距100%　　　　　　　　间距200%

图3-39　画笔间距

前面我们讲到笔刷是由许多正圆形组成的，Photoshop CS6为我们提供了圆度的控制，通过改变数值，我们可以把笔刷形状设为椭圆了。圆度数值是百分比，代表圆长短直径的比例。100%时是正圆，0%时椭圆外形最扁平。角度是椭圆的倾斜角，当圆度为100%时，角度就没意义了。

除了可以通过输入数值来改变圆度以外，还可以通过拉动示意图中的两个控制点来改变圆度，在示意图中任意单击并拖动即可改变角度，如图3-40所示。

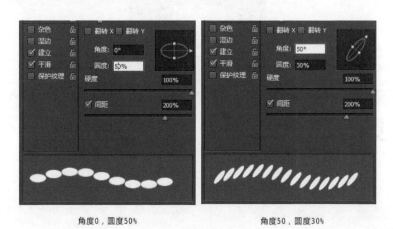

角度0，圆度50%　　　　　　　　角度50，圆度30%

图3-40　画笔圆度、角度

①在"画笔预设"中选择"硬边圆画笔"，切换到"画笔"面板，将间距设为150%，然后勾选"形状动态"选项，将大小抖动设为100%，最小直径、角度和圆度都选择0%，如图3-41和图3-42所示。

从图中我们可以看到，抖动是随机分布的，笔刷的直径大小是无规律变化的，按照同样的设置，多次使用这个笔刷绘图，每次绘制出来的效果也不完全相同。大小抖动的数值越大，抖动的效果就越明显，笔刷圆点间的大小反差就越大。

图3-41　画笔形状动态面板

图3-42　画笔抖动效果

②单击"大小抖动"下方的"控制"选项框，将会弹出控制下拉菜单，如图3-43所示。

图3-43　控制下来菜单

我们来绘制两条直线。第一条直线：画笔大小30像素，间距100%、圆度100%、大小抖动0%。第二条直线：画笔大小30像素，间距100%、圆度100%、大小抖动0%。"控制"选项下拉菜单中选择"渐隐"，后面的数字填20，最小直径0%，效果如图3-44所示。

图3-44　渐隐

通过图3-44的对比，我们可以看出，第二条直线在选择"渐隐"选项后，笔刷圆点出现一种从大到小逐渐缩小直至完全消失的逐渐消隐的状态。

"控制"选项下拉菜单中除了"渐隐"之外，还有钢笔压力、钢笔斜度、光笔轮选项。这三个选项需要有数字化绘图板设备。

"最小直径" 是控制"大小抖动"中最小的圆点直径，如果大小抖动为100%，最小直径为30%，绘制效果等同于单纯大小抖动为70%。如果两者都为100%就等同于没有大小抖动，如图3-45所示。

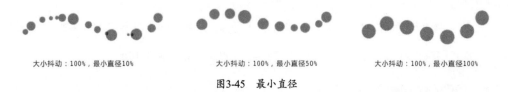

大小抖动：100%，最小直径10%　　　大小抖动：100%，最小直径50%　　　大小抖动：100%，最小直径100%

图3-45　最小直径

以上我们都是通过使用正圆或者椭圆的笔刷来学习，下面我们来使用其他形状的笔刷。

① 在"画笔笔尖形状"面板中选择一个草的形状，设置大小为"50像素"，间距为100%，如图3-46所示。

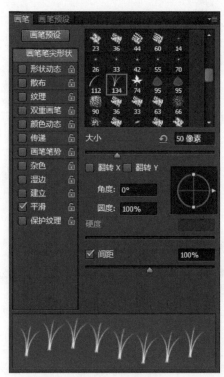

图3-46　画笔设置

② 单击"翻转X""翻转Y"，我们来比较一下翻转之后的效果，如图3-47所示。

图3-47　画笔翻转设置

如图3-47所示，第一行是没有翻转抖动的效果。第二行到第四行分别是加上了翻转X与翻转Y的效果。可以看出第二行到第四行的小草呈现出不同的上下或左右颠倒的样子，这就是翻转效果，也称为"镜像"。

③ 单击面板中"颜色动态"选项，可以让色彩变得丰富。将"前景/背景抖动"设为100%。这个选项是将笔刷颜色在前景色和背景色之间变换，如图3-48与图3-49所示。

图3-48　颜色动态面板　　　　　　　　　　　　　图3-49　颜色动态效果

④ 单击面板中的"散布"选项，画笔绘制的轨迹可以达到在分布上的随机效果。设定笔刷：10像素，圆度100%，间距25%。关闭形状动态、颜色动态及其他所有选项后，进入散布选项，将散布设为500%，绘制的笔刷的圆点不再局限于鼠标的轨迹上，而是随机出现在轨迹周围一定的范围内，这就是所谓的散布，如图3-50与图3-51所示。

图3-50　散布面板　　　　　　　　　　　　　　图3-51　散布效果

勾选"两轴"选项，"散布"就在X轴和Y轴上都有分布，取消勾选"两轴"选项，散布只局限于Y轴上分布。

"数量"选项的作用是成倍地添加笔刷圆点的数量，取值就是倍数，数量值越大，散布的笔刷圆点分布越密集。

"数量抖动"选项是在绘制中随机地改变倍数的大小。

⑤其他画笔选项。

杂色：为个别画笔笔尖增加额外的随机性。当应用于柔边圆画笔笔尖（包含灰度值的画笔笔尖）

时，此选项最有效。

湿边：沿画笔描边的边缘增大油彩量，从而创建水彩效果。

建立：将渐变色调应用于图像，同时模拟传统的喷枪技术。

平滑：在画笔描边中生成更平滑的曲线。当使用硬边圆画笔笔头进行快速绘画时，此选项最有效；但是它在描边渲染中可能会导致轻微的滞后。

保护纹理：将相同图案和缩放比例应用于具有纹理的所有画笔预设。选择此选项后，在使用多个纹理画笔笔尖绘画时，可以模拟出一致的画布纹理。

（3）"画笔预设"面板中提供了许多画笔笔尖形状，如图3-52所示。

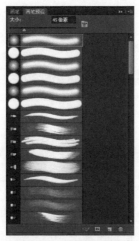

图3-52 画笔预设面板

2. 铅笔工具

单击"工具箱"中的 "铅笔工具"按钮 。它是用来绘制硬边线条。如果是斜线，会带有明显的锯齿。绘制的线条颜色为工具箱中的前景色。我们把铅笔的笔触缩小到一个像素的时候，铅笔的笔触就会变成一个小方块，用这个小方块，我们可以很方便地绘制一些像素图形。由于"铅笔工具"的操作方法与"画笔工具"大同小异，所以具体操作请参考"画笔工具"。

3. 混合器画笔工具

"混合器画笔工具"可以绘制出逼真的手绘效果，是一个专业的绘画工具，通过该工具选项栏中的设置可以调节笔触的颜色、潮湿度和混合程度等，就如同绘制水彩和油画时的效果，如图3-53所示。

原图　　　　　　使用混合器画笔后效果

图3-53　效果对比

单击"工具箱"的 "混合器画笔"按钮，选择"混合器画笔工具"之后，会打开相应的"工具选项栏"，如图3-54所示。

A B C D E F G H I J K L M

图3-54　混合器画笔工具选项栏

图3-55中各项功能如下。

A．画笔预设选取器：单击该按钮，在弹出的下拉列表中选择可调整画笔大小、硬度以及画笔样式。

B．切换画笔面板：单击该按钮，可以切换到"画笔"面板。

C．显示前景色颜色：单击右侧三角可以载入画笔、清理画笔或只载入纯色。

D．每次描边后载入画笔。

E．每次描边后清理画笔。"每次描边后载入画笔"和"每次描边后清理画笔"这两个按钮，控制了每一笔涂抹结束后对画笔是否更新和清理。

F．混合画笔组合：单击"有用的混合画笔组合"选择框，在弹出的下拉菜单中提供多种提前预设的画笔组合类型，包括干燥、湿润、潮湿和非常潮湿等。当我们选择某一种混合画笔时，右边的四个选择数值会自动改变为预设值。

G．潮湿：设置从画布拾取的油彩量，设置的值越大，笔刷在画布上的色彩越淡。

H．载入：设置画笔上的油彩量。

I．混合：设置多种颜色的混合；当潮湿为0时，该选项不能用。

J．流量：设置描边的流动速率。

K．启用喷枪样式的建立结果：作用是当画笔在一个固定位置一直描绘时，画笔会像喷枪那样一直喷出颜色。如果不启用这个模式，则画笔只描绘一下就停止流出颜色。

L．对所有图层取样：启动该选项后，画笔将对图形中所有图层进行绘制。

M．始终对大小使用压力：关闭时，通过"画笔预设"控制压力。

3.3 综合练习——汽车网站弹出式广告

案例分析

下面我们通过设计制作一个汽车网站的弹出广告，来学习Photoshop中选择工具和画笔工具的相关应用。在这个案例中，我们将综合应用建立选区、变换图像大小、填充颜色等知识。

知识准备

选区的建立在Photoshop CS6中应用相当广泛，我们要对图像的某个局部进行编辑操作，都必须用到选择工具。因此我们必须熟练地掌握这些相关知识，并能够熟练地综合应用这些工具，为顺利完成该实例做准备。图3-55为本章要制作的汽车网站弹出广告的最终效果。

图3-55 最终效果

1. 启动Photoshop CS6，执行"文件"菜单下的"新建"命令，新建名称：汽车弹出广告，大小：740×519像素，分辨率：72像素/英寸，颜色模式：RGB的文件，如图3-56所示。

图3-56 新建文件

—— 小技巧

设计制作网页文件，分辨率设置为72dpi，颜色模式为RGB色彩模式。

2．执行"文件"菜单下的"打开"命令，打开素材文件"007.jpg"，如图3-57所示。

3．单击"工具箱"中的"矩形选框"工具按钮▦，全部框选"素材007"中的所有图像，并执行"编辑"菜单下的"拷贝"命令，将文件切换到"汽车弹出广告"，执行"编辑"菜单下"粘贴"命令。

—— 小技巧 ——

全部选取图像也可以按【Ctrl+A】组合键，或者执行"选择"菜单下的"全部"命令。

4．在图层面板中用鼠标左键单击该图层，使之成为当前工作图层。然后，单击鼠标右键，选择"复制图层"命令，在弹出的对话框中单击确定，此时得到图层1副本，并在该图层中建立如图3-58所示的选区。

图3-57　素材007　　　　　　　　　　　图3-58　建立选区

5．在"图层面板"底部单击"添加矢量蒙版"按钮▣，为该图层添加矢量蒙版。

6．执行"图像"菜单下"调整"菜单中的"黑白"命令，具体参数设置如图3-59所示，效果如图3-60所示。

图3-59　黑白命令参数设置　　　　　　　　图3-60　效果

7．在"图层面板"底部单击"添加图层样式"按钮fx.，在弹出的扩展菜单中选择描边命令，参数设置如图3-61所示，效果如图3-62所示。

图3-61 参数设置　　　　　　　　　　　　　　　图3-62 效果

8．执行"文件"菜单下的"打开"命令，打开素材文件"008.jpg"，如图3-63所示。

9．单击"工具箱"的"快速选择"工具按钮 ，创建如图3-64所示的选区。

图3-63 素材008　　　　　　　　　　　图3-64 "快速选择"工具创建选区

── 小技巧 ─────

　　在创建选区的时候，会因为某些地方颜色比较接近而无法准确捕捉到汽车的边缘，我们可以用"放大镜"工具将图像放大之后，综合应用我们前面所学到的"快速选择"工具的相关知识，及时调整画笔的大小，增加或者减少选区，最后达到如图3-64所示的效果。

10．这时我们已经为图片的背景部分创建了选区，但我们需要选择的是汽车部分，所以需要执行"选择"菜单下的"反向"命令，得到汽车部分的选区，如图3-65所示。

11．重复操作步骤4，将汽车"拷贝"并"粘贴"到"汽车弹出广告"文件中，如图3-66所示位置。

图3-65 "反向"选择

图3-66 拷贝、粘贴汽车

——小技巧——

"反向"选择选区也可以按【Ctrl+Shift+I】组合键。

12.这时候我们明显发现汽车图片太大了，所以需要执行"编辑"菜单下的"自由变换"命令，画面会自动弹出变换框，如图3-67所示。

13.鼠标移动到选框的右下角，观察光标的变化，让光标变化成如图3-68所示。

图3-67 自由变换

图3-68 自由变换

14.左键按住鼠标不放的同时按【Shift+Alt】组合键，鼠标向内移动至如图3-69所示位置。

15.双击鼠标左键或键入【Enter】键，应用变换，并用"移动工具"调整车的位置如图3-70所示。

图3-69 自由变换

图3-70 效果

16．为了让效果更加真实，我们下面来为汽车制作阴影。单击"图层面板"底部的 "新建图层"按钮 ，此时，新建了"图层3"，将其拖动到"图层2"的下面，如图3-71所示。

17．单击"工具箱"的"多边形套索工具"，羽化：2像素，建立如图3-72所示选区。

图3-71 图层面板

图3-72 建立选区

18．单击"工具箱"的 "油漆桶"工具按钮 ，并在选区内单击鼠标左键，为选区填色，如图3-73所示。

19．执行"选择"菜单下的"取消选择"命令，如图3-74所示。

图3-73 填充颜色

图3-74 取消选区

20．在"图层面板"中，将"图层混合模式"设置为"正片叠底"，不透明度：75%，如图3-75所示，效果如图3-76所示。

图3-75 图层面板

图3-76 效果

21．执行"文件"菜单下的"打开"命令，打开素材文件"009.jpg"，如图3-77所示。

图3-77　素材009

22．单击"工具箱"的"魔棒工具"按钮，单击图片白色区域，建立如图3-78所示选区。

图3-78　建立选区

23．重复操作步骤8～15，将素材粘贴到"汽车弹出广告"中，并移动到相应位置，最终效果如图3-79所示。

图3-79　最终效果

本章小结

　　通过本章的学习，我们掌握了选择工具的类型、基本操作及如何编辑选区，还学习了绘画工具的使用。并通过制作汽车弹出广告综合运用了Photoshop CS6软件中的"选取工具"。在设计此类广告时我们应该注意以下几点。

1. 文档的大小和颜色模式的设定符合网络广告屏幕显示的需要。
2. 主题突出，层次分明。画面文字应根据设计和构图需要做到富有变化，使主题更加突出。
3. 画面元素具有视觉冲击力，色调明快。
4. 灵活使用Photoshop中各种选择方式来建立选区。

习 题

1. 填空题

（1）使用_____工具可以建立方形选区。

（2）使用_____工具可以建立圆形选区。

（3）使用_____工具可以为形状是直线的多边形建立选区。

（4）使用_____工具可以将图片改为手绘效果。

2. 选择题

（1）下面_____按钮是"快速选择工具"。

A. 　　　　　B.

C. 　　　　　D.

（2）下面_____选项属于规则选择工具。

A. 套索工具　　　　B. 矩形选框工具

C. 快速选择工具　　D. 魔棒工具

（3）下面_____按钮是"添加到选区"。

A. 　　　　　B.

C. 　　　　　D.

3. 简答题

（1）请简述图层样式的基本功能。

（2）请简述网络广告的特点是什么。

（3）简述选择工具分为哪几大类型。

（4）请简述网络广告的技术要求。

4. 实战操作

请结合本章中学到的选区的相关知识点，制作一幅手机弹出广告。

第4章

制作DM广告

↗ 本章知识重点

▶ 1. DM广告的特点　　　　　　▶ 5. 特殊色调调整

▶ 2. DM广告的技术要求　　　　▶ 6. 图像修复与修补工具

▶ 3. 图像颜色调整的应用　　　　▶ 7. 图像修饰工具

▶ 4. 调整图层与菜单调色命令

4.1 行业相关背景知识介绍

4.1.1 DM广告的特点

在互联网时代，各种新媒体及媒介广泛发展，越来越多的人会从各种"屏幕"中获得信息，但在现实社会中，仍然有许多"角落"新媒体及媒介无法触及。DM(Direct Mail)广告在现代商业宣传中仍然占据着十分重要的地位。

DM直译就是直邮，是现代商业宣传十分重要的手段之一。它的宣传优势是直接、快速、效果好、针对性强，有即时感。不同于基于"屏幕"的网络广告或电视广告，它需要商家将促销信息、产品信息等汇总，经过设计后，印刷成单页或者册子，以直接邮递或者免费派发的形式传递到消费者手中。这种方式使得产品信息、促销信息能够非常直观地展现在消费者面前，能够快速地转化为消费行为。随着印刷技术及制作工艺的发展和印刷成本的大大降低，各种精美的DM广告应接不暇地出现在大众面前，相比其他的媒介来说，DM广告成本已经非常低，因此许多商家依然十分青睐这种广告宣传方式。

4.1.2 DM广告的技术要求

DM广告与其他传统媒体一样，需要经过印刷成单页或册子，经过直接邮递或者派发才能展现在消费者面前。它根据不同的需求，要求设计师对印刷技术、制作工艺有基本的了解，对于色彩搭配及版式设计的要求比较高。在Photoshop中设计时需要注意的是分辨率的设置必须为300dpi，甚至更高。因为印刷出高质量的产品需要高精度的分辨率。颜色模式也必须由在电脑设计中的RGB转换成印刷油墨的CMYK色彩模式，这是由媒介的不同而决定的。

任务描述

这一章我们将设计制作食品DM广告。通过这一章的学习，我们将掌握关于选择调整图层和色彩调整的相关知识和应用。最终效果如图4-1所示。

图4-1　完成效果

4.2 Photoshop相关知识点应用

4.2.1 图像颜色及色调调整

Photoshop中有多种色彩模式，每种色彩模式又对应着其色彩原理，在日常的设计工作中我们经常会用到的色彩模式有灰度模式、RGB模式、CMYK模式、位图模式等，除了上述几种常用到的色彩模式之外，还有其他一些色彩模式，如双色调模式、LAB模式、索引颜色及双通道模式等。在不同媒介、不同的设计要求下我们必须选择与之相符的色彩模式来进行设计和制作。例如，我们在软件中设计网页中显示的DM广告单页，需要在RGB色彩模式下工作，这是因为电脑的显示器是以光的形式直接传递信息的；而印刷品必须以CMYK模式来进行印刷，因为人看到事物都是光通过折射到眼球，眼球中的感光细胞来分辨事物的轮廓和色彩，以此来辨别事物。

我们在做设计作品时经常会用到图片，这些图片有的是自己拍摄的，有的是从网络上下载的，但不管这些图片来自什么地方，它们一般都不可能直接使用在设计作品中，这就需要设计者对图片进行调整，以符合设计作品的要求。这就牵涉图像调整中的色彩调整或者说是色调调整。

4.2.2 调整图层与菜单调色命令

1. 调整图层

图层大致分为三类，一类是基本图层，即图像图形类图层；二类为文字图层；三类即调整图层。但调整图层不像其他两类图层一样直接在图层面板中显示，而是以按钮形式隐藏在图层面板底部，如图4-2所示。

若要调出调整图层，只需鼠标单击◔，即可使用，如图4-3所示。

图4-2　创建新的填充或调整图层　　　图4-3　调整图层面板

我们以一张风景图片作为案例，来了解一下"调整图层"操作以及效果。

（1）执行"文件"菜单中的"打开"命令，打开素材"风景照片.jpg"，如图4-4所示。

（2）单击"图层"面板底部的调整图层按钮，选择"亮度/对比度"选项，如图4-5所示。

图4-4　风景照片　　　　　　　　图4-5　亮度/对比度调整面板

（3）将亮度和对比度的数值分别设置为"+30、+10"，效果如图4-6所示。

2. 菜单调色命令

在Photoshop CS6中，我们除了可以通过"调整图层"来对图片进行调色处理外，还可以在"菜单调色命令"中选择相应的命令来调整图片颜色。

鼠标左键单击菜单中"图像"中的"调整"命令，可弹出菜单调色命令，如图4-7所示。

图4-6 调整后效果

图4-7 菜单调色命令

── 小技巧 ─────────────────────────────

利用调整图层对图片进行调整时，可反复进行。如果调整的结果不合要求，可以双击调整图层打开调节面板，进行再次调整，直至调整出满意的效果。

── 小技巧 ─────────────────────────────

在菜单调色命令中一些常用的命令后会有相应的快捷键提示，如"色阶"为【Ctrl+L】，按键盘上的【Ctrl】键和【L】键，就会直接调出"色阶"调整面板。在实际操作中使用快捷键能够快速调出相应的调整面板，可以大大节省操作时间，事半功倍。

下面仍以素材"风景照片.jpg"为例进行详细说明。

（1）色阶命令

①按下键盘上的【Ctrl+L】组合键，调出"色阶"调整面板，如图4-8所示。

②面板中间部分的黑色峰值说明了图片当中黑白灰的关系，如图4-9所示。

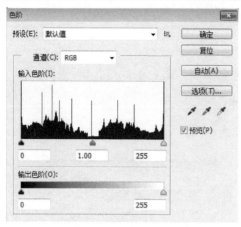

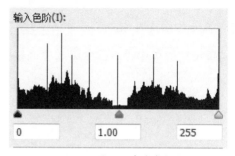

图4-8　色阶调整面板　　　　　　　　　　　　　　图4-9　色阶直方图

③ 其中的黑色、灰色以及白色按钮分别可以调整图片的暗部、灰部和亮部信息，将黑色按钮向右滑动，图片会变暗，白色按钮向左滑动，图片会变亮。如图4-10所示。

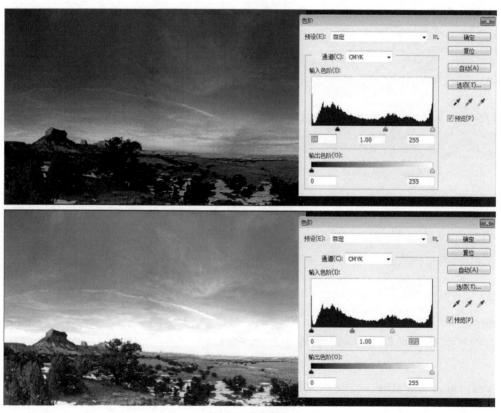

图4-10　调整色阶

④ 在"色阶"调整面板中有三个吸管 ，分别为黑色、灰色和白色，同样的也对应图片的暗部、灰部和亮部。用黑色吸管去单击图片中最暗的地方，或用白色吸管单击图片中最亮的地方，可以使图片产生变亮和变暗的效果。除此之外"色阶"调整面板中有"自动"按钮，单击之后，软件会自动分析图片调整黑白对比。

—— 小技巧 ——

当用"色阶"命令进行图像调色时，可先单击自动按钮，软件自动调整之后，再去调节图片的黑白灰关系。

（2）曲线命令

① 执行"图像"菜单中"调整"中的"曲线"命令，弹出"曲线"调整面板，如图4-11所示。

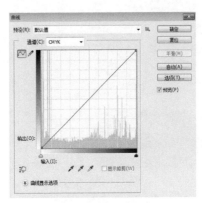

图4-11 曲线调整面板

② 鼠标左键单击斜线可添加节点，如在斜线右下方添加节点后向上拖动，图片会变亮，反之，变暗，如图4-12所示。

③ 如在斜线左上方添加节点后向上拖动，图片会变暗，反之，变亮，如图4-13所示。

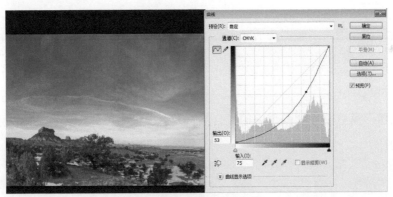

图4-12 调整曲线

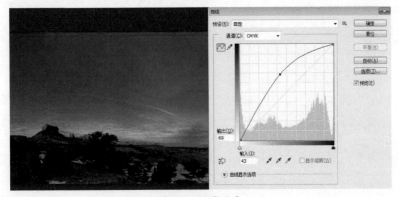

图4-13 调整曲线

④ 单击"曲线"调整面板中的按钮 ✎，可以绘制曲线形态，如图4-14所示，绘制的曲线弧度不同会产生不同的效果。

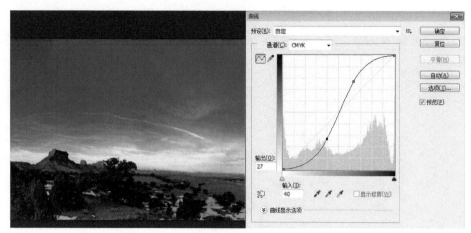

图4-14 调整曲线

⑤ "曲线"调整面板中吸管 ✎✎✎ 的作用和用法与"色阶"命令中的吸管是相同的，可参照"色阶"命令的用法使用。

（3）曝光度

① "图像"菜单中"调整"中的"曝光度"命令，弹出"曝光度"调整面板，如图4-15所示。

② "曝光度"命令用来调整图片的曝光程度的大小，如果图片是过曝状态，可以将曝光度系数调为负数，反之，调为正数。

（4）自然饱和度

① 执行"图像"菜单中"调整"中的"自然饱和度"命令，弹出"自然饱和度"调整面板，如图4-16所示。

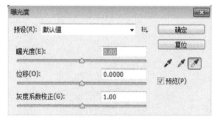

图4-15 曝光度调整面板

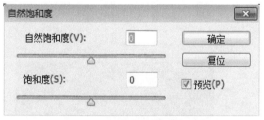

图4-16 自然饱和度调整面板

② "自然饱和度"调整面板中，有两个可调节的按钮，分别可以对"自然饱和度"和"饱和度"进行调整。它们的区别是用"自然饱和度"按钮调节，最大值和最小值都会有色彩保留，而用"饱和度"按钮调节，最小值会丢失色彩，最大值即显示色彩的最纯状态，如图4-17和图4-18所示。

图4-17 调整自然饱和度

图4-18 调整饱和度

（5）色相/饱和度命令

① 执行"图像"菜单中"调整"中的"色相/饱和度"命令，弹出"色相/饱和度"调整面板，如图4-19所示。

② "色相/饱和度"命令是在图像调色中经常使用的一条命令，它可以对图像的色相、饱和度和明度（即色彩的三属性）进行调整。它不仅可以对图片全局进行调整，也可以对图片的单个色彩进行调整，如图4-20所示。

图4-19 色相/饱和度调整面板

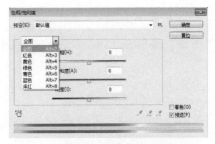

图4-20 调整色相/饱和度

—— 小技巧 ——

如果勾选"着色"，图片会去掉彩色，用单色进行显示，滑动色相调整按钮，可以得到不同色彩的单色图像。

（6）色彩平衡命令

① 执行"图像"菜单中"调整"中的"色彩平衡"命令，弹出"色彩平衡"调整面板，如图4-21所示。

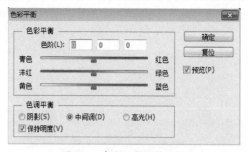

图4-21　色彩平衡调整面板

②"色彩平衡"命令用来调整图像的偏色问题，图像可能会因各种原因导致颜色失真，这就需要色彩平衡来进行调整。色彩平衡针对青色（C）、洋红色（M）、黄色（Y）以及红色（R）、绿色（G）、蓝色（B）进行调整；也可针对图像色调的阴影、中间调、高光部分进行调整。

（7）黑白命令

① 执行"图像"菜单中"调整"中的"黑白"命令，弹出"黑白"调整面板，如图4-22所示。

②"黑白"命令用来将彩色图像转化为黑白图像，但它不同于执行"灰度图"和"去色"命令之后的黑白效果，这是因为执行"黑白"命令后，可以针对原图像的多个单色进行调整，达到十分精细的程度，调整后的黑白图像表现也十分细腻。

—— 小技巧 ——

　　在Photoshop中，有三种方式可以将彩色图像转化为黑白图像，即"图像"菜单，"模式"中的"灰度""图像"菜单，"调整"中的"去色"及"图像"菜单，"调整"中的"黑白"。其中"灰度"和"去色"得到的黑白图像效果几乎一致。但使用"黑白"命令可以调整出十分细腻的黑白图像。

（8）照片滤镜命令

① 执行"图像"菜单中"调整"中的"照片滤镜"命令，弹出"照片滤镜"调整面板，如图4-23所示。

图4-22　黑白调整面板

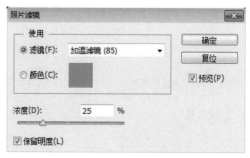

图4-23　照片滤镜调整面板

② "照片滤镜"命令的作用，如同相机拍照时添加的偏色镜。可以对图像进行偏色处理。可以在"滤镜"选项中选择不同的滤镜效果。也可通过"颜色"选项自定义滤镜的颜色。

（9）通道混合器命令

① 执行"图像"菜单中"调整"中的"通道混合器"命令，弹出"通道混合器"调整面板，如图4-24所示。

② "通道混合器"命令是通过调节图片的单个通道颜色信息来影响整张图片的色彩效果。关于通道的问题，我们会在第6章中详细讲解，在此不再赘述。

（10）颜色查找

① 执行"图像"菜单中"调整"中的"颜色查找"命令，弹出"颜色查找"调整面板，如图4-25所示。

图4-24 通道混合器调整面板　　　　　　　图4-25 颜色查找调整面板

② "颜色查找"可以实现高级色彩变化，如EdgyAmber或BleachBypass。其中LUT文件可以用于在数字中间片的调色过程中对显示器的色彩进行校正，而模拟最终胶片印刷的效果以达到调色的目的。而3DLUT文件是三维LUT的每一个坐标方向都有RGB通道。可以映射并处理所有的色彩信息，无论是存在还是不存在的色彩，或是那些连胶片都达不到的色域。

（11）反相命令

执行"图像"菜单中"调整"中的"反相"命令，原图会得到如图4-26所示效果，类似于相片底版的效果。

（12）色调分离命令

① 执行"图像"菜单中"调整"中的"色调分离"命令，弹出"色调分离"调整面板，如图4-27所示。

图4-26　反相 　　　　　　　　　　　　　　　　图4-27　"色调分离"调整面板

② "色调分离"命令是将原本图片中的所有颜色以修改后数值的3次方得出数值的颜色个数来显示，如色阶为2时，原图即用2的3次方8个颜色来显示，如图4-28所示。

（13）阈值命令

① 执行"图像"菜单中"调整"中的"阈值"命令，弹出"阈值"调整面板，如图4-29所示。

图4-28　色调分离 　　　　　　　　　　　　　图4-29　阈值调整面板

② "阈值"命令是处理图片时对颜色进行特殊处理的一种方法。详细地说，阈值是一个转换临界点，不管图片是什么颜色，它最终都会把图片当黑白图片处理，也就是说设定了一个阈值之后，它会以此值作标准，凡是比该值大的颜色就会转换成白色，低于该值的颜色就转换成黑色，所以最后的结果是，得到一张黑白的图片。

（14）渐变映射命令

① 执行"图像"菜单中"调整"中的"渐变映射"命令，弹出"渐变映射"调整面板，如图4-30所示。

② "渐变映射"命令也是对图片进行特殊色调处理的一种方式，它将颜色的渐变效果与图片本身的颜色进行融合，使图片呈现出单色或多色渐变效果，如图4-31所示。

图4-30 渐变映射调整面板　　　　　　　　　　　　图4-31 渐变映射

（15）可选颜色命令

① 执行"图像"菜单中"调整"中的"可选颜色"命令，弹出"可选颜色"调整面板，如图4-32所示。

② "可选颜色"命令是对图片当中的单类颜色进行调整。例如，针对图片中的青色系颜色进行调整，就单击"颜色"选项中的三角按钮，选择青色，然后对下面的各个数值进行调整。面板下方的"方法"中有"相对"和"绝对"两个选项，效果的差别是"相对"会使颜色和周围色显得均衡，但"绝对"会使颜色和周围色变得对比强烈。

（16）阴影/高光命令

① 执行"图像"菜单中"调整"中的"阴影/高光"命令，弹出"阴影/高光"调整面板，如图4-33所示。

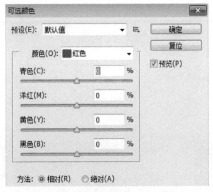

图4-32 可选颜色调整面板　　　　　　　　　　图4-33 阴影/高光调整面板

② "阴影/高光"命令是针对图片的暗部和亮部进行调整。尤其是若对逆光时拍摄的图片进行处理，可以通过调整使得图片的暗部信息能够显示出来，但也会有相应的问题出现，那就是噪点。这条命令与相机中的IOS（感光度）有些类似，在夜晚拍摄图片会将IOS调高，虽然可以得到相对明亮的图片，但是会牺牲图片清晰度，如图4-34所示。

（17）HDR色调命令

① 执行"图像"菜单中"调整"中的"HDR色调"命令，弹出"HDR色调"调整面板，如图4-35所示。

图4-34 阴影/高光

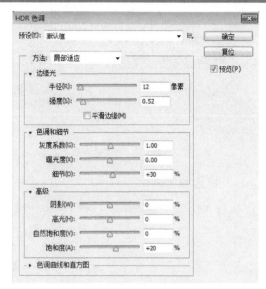

图4-35 HDR色调调整面板

②"HDR色调"命令是将"曝光度""阴影/高光""曲线"几个命令组合在一起的综合命令，可以一次性对图片调节多个参数，以达到设计要求。其中"方法"中可以对"曝光度和灰度系数""高光压缩""色调均化直方图""局部适应"等分别进行调整。

（18）变化命令

①执行"图像"菜单中"调整"中的"变化"命令，弹出"变化"调整面板，如图4-36所示。

图4-36 变化调整面板

② "变化"命令是将对图片添加绿色、黄色、青色、红色、蓝色、洋红色后的效果直接呈现在面前，方便我们对效果有直观的了解，之后再通过"较亮""较暗"的调节，达到设计的要求。

（19）去色命令

执行"图像"菜单中"调整"中的"去色"命令，图片会立即去掉彩色，保留黑白灰关系，如图4-37所示。

（20）匹配颜色命令

① 执行"图像"菜单中"调整"中的"匹配颜色"命令，弹出"匹配颜色"调整面板，如图4-38所示。

图4-37 去色

图4-38 匹配颜色调整面板

—— 小技巧 ——

去色命令是将彩色图片转换成黑白图片最快的方法，按键盘上的【Ctrl+Shift+U】组合键可以快速对图片进行去色处理。

② "匹配颜色"命令是在做两张或两张以上的图片合成时经常用到的一条命令，这是因为图片来源的不同导致色调的不同，通过"匹配颜色"命令可以将不同色调的图片调整到色调类似水平。使用时要先设置一个"源"，即其他图片在调整色调时，以"源"的色调为参考。"源"文件的格式必须为PSD格式。

（21）替换颜色命令

① 执行"图像"菜单中"调整"中的"替换颜色"命令，弹出"替换颜色"调整面板，如图4-39所示。

② "替换颜色"命令可以将图片中的单类色彩进行调整，如将天空的蓝色进行调整，选择吸管工具，单击天空的蓝色即可。

（22）"色调均化"命令

执行"图像"菜单中"调整"中的"色调均化"命令，图像中的所有像素将被均匀分布，如图4-40所示。

图4-39 "替换颜色"调整面板　　　　　　　　图4-40　色调均化

4.2.3 图像修复与修补工具

Photoshop CS6中和修复图像相关的工具主要包括：污点修复画笔工具、修复画笔工具、修补工具、内容感知移动工具、红眼工具以及仿制图章工具，如图4-41所示。其中仿制图章工具和污点修复画笔工具最为常用。

图4-41　修复功能相关工具

关于"仿制源"面板

"仿制源"面板（"窗口">"仿制源"）有用于仿制图章工具或修复画笔工具的选项。可以设置五个不同的样本源并快速选择所需的样本源，而不用在每次需要更改为不同的样本源时重新取样，如图4-42所示。

图4-42　"仿制源"面板

1. 污点修复画笔工具

污点修复画笔工具是十分强大的修复及去污工具，可以快速移去照片中的污点和其他不理想部分。使用的时候需要适当调节笔触的大小及在属性栏设置好相关属性。然后在污点上面点一下就可以修复污点。如果污点较大，可以从边缘开始逐步修复，如图4-43所示。

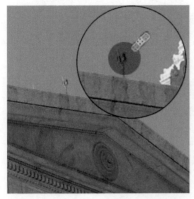

图4-43 使用污点修复画笔工具移去污点

2. 修复画笔工具

修复画笔工具也是用来修复图片的工具。它能对画面的修复过程进行准确的控制。可以在属性栏设置相应的画笔大小及不透明度来精确修复。同时在"仿制源"面板上，可以设置多个仿制源，方便修复较为复杂的图片。要使用修复画笔工具，必须先设定"取样点"，操作方法如下。

① 在工具箱的修饰工具组中选择修复画笔工具 。

② 将指针定位到图像的上方，然后按下"ALT"键的同时单击鼠标左键来设置取样点。

③ 在图像中拖动光标，每一次松开鼠标按钮时，取样的像素都会与现有的图像相混合，如图4-44所示。

图4-44 使用修复画笔工具复制物体

3. 修补工具

修补工具是较为精确的修复工具。通过使用修补工具，可以用图像其他部分的像素来修复选中的区域。使用修补工具需把要修复的部分先圈选起来，然后移动选区到图像中想替换选区的位置即可完成修复，如图4-45所示。

图4-45　使用修补工具

4. 内容感知移动工具

"内容感知移动工具"是Photoshop CS6的新功能，利用"内容感知移动工具"能够快速地移动或复制图像中想要修改的部分。只需选择图像场景中的某个物体，然后将其移动到图像中的任何位置，经过Photoshop的计算，完成十分真实的PS合成效果，如图4-46所示。

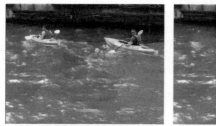

图4-46　使用内容感知移动工具

5. 红眼工具

红眼工具是专门用来消除人物眼睛因灯光或闪光灯照射后瞳孔产生的红点、白点等反射光点。红眼工具的操作方法非常简单，只需属性栏设置好大小及变暗数值，然后在瞳孔中红色位置鼠标左键单击就可以修复。效果如图4-47所示。

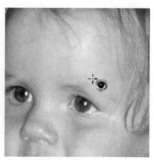

图4-47　使用红眼工具

6. 仿制图章工具

仿制图章工具也是专门的修图工具,它将图像的一部分绘制到同一图像的另一部分或绘制到具有相同颜色模式的任何打开的文档的另一部分,也可将一个图层的一部分绘制到另一个图层,仿制图章工具对于复制对象或移去图像中的缺陷很有用,可以用来消除人物脸部斑点、背景部分不相干的杂物、填补图片空缺等。

使用仿制图章工具的方法和修复画笔工具相似,首先需要在取样的地方按住Alt键设置一个取样点,并在另一个区域上绘制就可以快速消除污点等,同时也可以在属性栏调节笔触的混合模式、大小、流量等更为精确的修复污点,如图4-48所示。

图4-48 使用仿制图章工具

—— 小技巧

修复画笔工具和仿制图章工具都是利用图像中的样本像素来进行瑕疵的校正,但是修复画笔工具还可将样本像素的纹理、光照、透明度和阴影等方面与所修复的位置进行匹配,从而使修复后的像素更好地融入到画面的其余部分。对比效果如图4-49、4-50所示。

图4-49 对比效果(修复画笔工具)

图4-50 对比效果（仿制图章工具）

4.3 综合练习——食品DM广告

案例分析

下面我们以设计制作一个食品DM为例，来学习Photoshop中关于图像调色、修复等相关功能。在本案例中，我们将综合应用调整图片色相/饱和度等相关知识点。

知识准备

图片颜色的调整、修复是Photoshop中非常重要的功能，因此我们将通过本例，来熟练地掌握图片调色及修复的基本操作方法。图4-51为本章要制作的食品DM广告的最终效果。

图4-51 最终效果

1．启动Photoshop CS6，调出"冰激凌素材.psd"。执行"文件"菜单中的"新建"命令，将名称命名为"食品DM单"，具体参数设置如图4-52所示。

2．把打开的"冰激凌素材"用移动工具拖入"食品DM单"中，调整大小，并将背景填充为深红色，数值分别为C：50、M：100、Y：75、K：25，如图4-53所示。

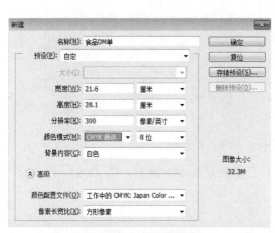

图4-52 新建文件面板

图4-53 将素材拖入新建文件

3．选择"冰激凌"图层，按【Ctrl+U】组合键调出"色相/饱和度"命令，对此图层进行饱和度的调整，如图4-54所示。

图4-54 色相/饱和度调整面板

4．执行"文件"菜单中的"打开"命令，调出素材"波浪.psd"，并用移动工具将其拖入"食品DM单"文件中，如图4-55所示。

5．选择【工具箱】中的魔棒工具，单击画面绿色区域建立选区，并将该选区往下移动，如图4-56所示。

图4-55　将波浪素材拖入新建文件

图4-56　移动选区

6．单击渐变工具选择浅红到深红色的渐变，如图4-57所示。

7．选择下面的图层，单击【Delete】键，删除所选区域的像素，按【Ctrl+D】组合键，取消选择。将图层拖曳放至顶端，如图4-58所示。

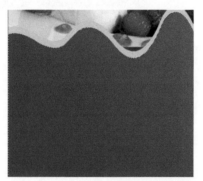
图4-57　渐变

图4-58　移动图层

8．双击"图层2"，打开图层样式面板，选择投影，单击确定，如图4-59所示。

9．新建图层，选择钢笔工具绘制曲线放射效果，并将此图层放至绿色图层下方，如图4-60所示。

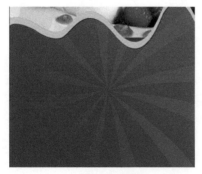
图4-59　投影

图4-60　绘制曲线放射效果

10. 选择文字工具，在空白处将文字信息键入，并居中对齐，如图4-61所示。

此时发现，文字与画面联系还不够紧密，我们用线和色彩进行调和，新建图层，选择矩形工具，绘制一个矩形，如图4-62所示。

图4-61　键入文字　　　　　　　　　　　　　　图4-62　绘制矩形选框

—— 小技巧 ——

　　做放射效果时，先用钢笔工具绘制一条放射线，然后按【Ctrl+J】组合键可进行复制，按【Ctrl+T】组合键会在自由变换命令之后将中心点移至线条端点进行旋转，重复以上动作，直至完成整个放射图形，将图层选中按【Ctrl+E】组合键合并图层。将图层命名为放射，按住【Ctrl】键，鼠标左键单击图层缩略图，载入选区，删除颜色，填充浅红色到透明的渐变，即可完成放射效果。

11. 取消选择，按住【Alt】键复制这条绿色的线条，并将其移动到合适的位置，调整线条长短，如图4-63所示。

12. 至此我们就将食品DM广告做完了，最终效果如图4-64所示。

图4-63　调整线条长短

图4-64　最终效果

本章小结

　　本章我们学习了图像颜色模式及色调调整，调整图层功能与菜单调色命令，以及图像的修复、修补及修饰工具的操作。并通过设计制作食品DM广告综合运用了Photoshop CS6软件中调色相关功能，调整图片色相/饱和度、使用文字工具等相关知识。在设计此类广告时我们应该注意以下几点。

　　1.要结合主题，选择与主题相契合的主色调。

　　2.文字排列应富有变化、层次丰富、主题突出。

　　3.灵活应用Photoshop中图片颜色调整等相关功能来美化画面。

习 题

1. 填空题

（1）图层大致分为三类，一类是____，即图像图形类图层，二类为____，三类即____。

（2）要对图像的色彩饱和度和色相进行调整需要使用_____命令。

（3）使用快捷键_____可以将路径转换为选区。

（4）使用快捷键_____可以快速复制图层。

2. 选择题

（1）下面_____按钮是"调整图层"。

A. 　　　　　B.

C. 　　　　　D.

（2）调整图像的亮度可以用_____调整图层。

A. 亮度/对比度　　　B. 曲线

C. 色阶　　　　　　D. 色相/饱和度

（3）色阶命令的快捷键是_____。

A. Ctrl+B　　　　　B. Ctrl+L

C. Ctrl+N　　　　　D. Ctrl+M

3. 简答题

（1）请简述图像色彩模式有哪几种。

（2）请简述直邮广告的特点是什么。

（3）简述调整图层的特点。

（4）请简述DM广告的技术要求。

4. 实战操作

请结合本章学到的图像颜色与色调调整、调整图层与菜单调色命令等相关知识点，制作一幅化妆品的DM广告。

ypography

e studied Typography & Graphic
mmunication at possibly the best
stitution to do so in the world –
e University of Reading.

Responsive Web Design

I design future proof mobile first
responsive websites to the latest
web standards. I also keep up with
the most recent best practices.

UX Design

User Experience takes precedence
throughout my entire process from
research, though wireframes to
design and development.

第5章

制作UI图标

↗ **本章知识重点**

▶ 1. UI界面设计的特点

▶ 2. 制作UI图标的技术要求

▶ 3. 钢笔工具的使用

▶ 4. 形状工具组

▶ 5. 多种填充方式

5.1 行业相关背景知识介绍

5.1.1 UI界面设计的特点

随着信息技术的发展，大众日常接触的屏幕种类越来越多，手机屏幕也越来越大，界面开始承载越来越多的信息，人们开始更多的关注界面设计的美感，在设计风格上，三维的Aqua效果、拟物化的设计风格已经成为过去时，崇尚扁平、简约的设计观念是当今UI设计的流行趋势。

一个优秀的UI界面设计，就是要符合使用者的需求，考虑到使用者的舒适性。美观的UI界面设计，不但可以增加易用性，也可减少使用错误率，使软件发挥最大的功能，达到造福使用者的目的。优秀的UI用户界面体现在以下几个方面。

（1）避免多色彩的应用。一个用户UI界面中最好只有3~5种颜色。色彩搭配的原则是，背景区域最好使用纯度较低的色调；重要功能区图标则以纯度和明度都较高的颜色来表现，但颜色不宜过于杂乱，且区域不可太大。

（2）选用识别度高的字型。同一个界面中，不能有太多的字型，字体的选择也以简洁和清楚为主，避免过度使用斜体、粗体及下划线进行强调。

（3）严格控制屏幕显示区域的视觉密度。一般界面上想表达的信息很多，易造成UI界面看起来非常拥挤，严重影响了用户的使用体验。因此，设计界面时，务必要考虑到内容的安排和视觉空间的保留，适当的留白将使整个界面看起来更加清楚、美观。例如，主界面只显示重要的信息，把次要信息用选项功能或链接功能将其隐藏在选项卡中，用户有需要时再自行选择；logo、名称等信息醒目即可，无需刻意放大；尽量使整个界面简易化，考虑扁平化的设计风格，多使用简单的图形，不要使用过度复杂的图像，这也是UI设计的发展趋势。

（4）增强视觉平衡感。应特别注意排版时的画面平衡感，尤其在垂直轴的两侧，对称和平衡的排版方式对于用户而言，心理感受影响很大。不对称的视觉平面，会让人觉得整个画面是倾斜的，或是好像少了什么东西，而对称的视觉平面，看起来整洁、一致，识别性高，又符合人机工程学中把握用户心理的要求。

（5）精简图标。避免使用复杂的、拟物化的图标，主界面中图标的数量要严格控制，图标中的图形设计要线条简练，只要能达到使用者的共识，识别度高，图形越简单越好。扁平化的UI设计风格，如图5-1所示。

图5-1 扁平化的UI设计风格

5.1.2 制作UI图标的技术要求

图标设计的最终显示媒介是屏幕，屏幕显示的特点要求制作者进行设计时的技术要求区别于传统的图形设计，它要求文档的分辨率设置为标准屏幕显示的72dpi；色彩显示模式为RGB的32位彩色模式。32位的图标为24位图像加上8位alpha通道，该色彩深度可使设计出的图标边缘非常平滑，可制作半透明的阴影效果，且与背景相融合。为了支持不同的显示终端，每个图标应包含三种色彩深度：24位图像加上8位alpha通道（32位），8位图像(256色)加上1位透明色，4位图像(16色)加上1位透明色；文档的单位设置为像素（Pixel），图标的尺寸常用以下几种：16×16、24×24、32×32、48×48、64×64、128×128、256×256。图标过大会占用过多的界面空间，过小又会降低精细度，具体该使用多大尺寸的图标，常根据界面的需求而定，如图5-2所示。

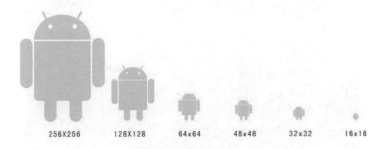

图5-2 常用图标尺寸

除了以上的几点需要注意外，在UI图标设计中，我们还应掌握以下几个原则。

（1）可识别性原则。可识别性原则也就是说，第一眼看到这个图标，就要明白它所代表的含义，这是图标设计的灵魂。好的图标设计可识别性都很强，即使是不认识字的人，也要能立即理解图标的含义。

（2）差异化原则。同一个界面上的多个图标，根据它们所代表的不同含义，要具有明显的差异性，这是图标设计中很重要的一条原则，但也是在设计中最容易被忽略的一条，图标和文字相比，它的优势在于直观，每一个图标如果具有很强烈的图形象征性，甚至可以代替文字，用户可以一眼看出它们的差别，从而提高使用效率。

（3）风格统一性原则。风格统一的原则不仅体现在UI设计上，在传统的平面设计领域也是至关重要的。如果一套图标的视觉设计非常协调统一，那么它就具有了自己的风格。风格的统一具体表现在色彩、设计风格和整体排版的统一等方面。

（4）协调性原则。图标不是单独存在的，是需要放置于界面上才会起作用。因此，图标的设计，不仅要考虑所有图标的风格统一，还要考虑图标的风格是否适合其所处的界面。不同的主题应有相关的图标与之相协调。

任务描述

这一章我们将设计制作UI图标。通过这一章的学习，我们将主要掌握路径的相关操作和钢笔工具的应用，并练习使用多种填充方式。最终完成效果如图5-3所示。

图5-3 完成效果

5.2 Photoshop相关知识点应用

5.2.1 路径的操作

在Photoshop里经常使用到路径这个功能，一般我们对图像进行选取时，使用魔棒工具，但其局限性是要求选取的对象与背景的色值有相对大的差异，如果太相近，则不能准确选择。使用套索工具虽也可以手动绘制，但局限性是不够准确。而路径是一种可以方便大家对图像进行精确描绘的方法。

路径是由点、线段或曲线构成的矢量对象。可以精确勾勒图像或者以此绘制图像，手绘里常配合数位板使用。路径是矢量的，也就是说，路径是使用数字进行记录，没有包含图像的像素信息，所以它与图像是分离的，可以对已画的路径进行编辑修改，还可以单独保存到其他图像上，而且jpg格式的图片也可以保存路径信息。

路径主要有以下特点。

（1）方便绘制，并且不影响路径下面的图像。

（2）缩放时不会引起路径轮廓的变形。

（3）能够很方便地重新整形、组合、复制和移动。

（4）可以同时建立多个各不相连的子路径。

（5）在同一文件中可制作和保存多个路径。

（6）路径可以另外保存成AI文件，在其他矢量绘图软件中作进一步的修改。

1. 创建路径

创建路径的方法有两种：一种是使用钢笔直接在图像上绘制路径，但是当再次绘制路径时，该路径将会自动被替换；另一种方法是先在路径面板底部单击创建新路径后再到图像窗口里绘制路径，如图5-4所示。

图5-4　路径面板

—— 小技巧

使用第一种方法创建路径后，为了防止已有路径被再次绘制的路径替换，可双击"工作路径"为路径命名，这样就不会被后来绘制的路径替换了。

2. 复制路径

复制路径分为两种情况：一种是将复制的路径与原路径放在一起；另一种是将复制的路径单独放在新建的路径上。如果要将复制的路径与原路径放在一起，可以使用"路径选择工具"选择路径，然后按【Ctrl+C】组合键复制路径，按【Ctrl+V】组合键粘贴路径，这样可以将复制的路径与原路径放在一起。

—— 小技巧 ——

> 按住【Alt】键，使用"路径选择工具"拖曳要复制的路径，可快速复制路径。

如果要将复制的路径单独放在新建的路径上，则需要按住鼠标左键不放的同时将要复制的路径拖曳至"路径"面板底部的"创建新路径"按钮上，释放鼠标后即可看见在"路径"面板中增加了一个新路径，如图5-5所示。

3. 删除路径

如果要删除路径，最常使用的方法就是使用键盘上的【Delete】键，或者将要删除的路径拖曳到"路径"面板右下方的"删除"按钮上。

4. 隐藏和显示路径

隐藏和显示路径有两种方法：①可以在"路径"面板下方的空白处单击，将选中的路径取消选择状态即可隐藏路径；②也可以通过执行"视图"菜单下"显示"中的"目标路径"命令（快捷键为【Shift+Ctrl+H】组合键）来隐藏和显示路径，如图5-6所示。

图5-5　复制路径

图5-6　显示和隐藏路径

5. 保存路径

保存路径是指将临时的工作路径保存为永久的路径。在"路径"面板中，保存工作路径有两种方法：一是直接双击工作路径，就会弹出"存储路径"对话框；二是从"路径"面板的弹出菜单中选择"存储路径"命令就可保存路径。

6. 填充路径

填充路径位于"路径"面板下方的第一个按钮，用于将当前的路径内部填充为前景色。如果用户只选中了一条路径的局部或者选中了一条未闭合的路径，则Photoshop将对路径的首尾以直线段连接后所确定的闭合区域进行填充，如图5-7所示。

7. 用画笔描边路径

"画笔描边"工具的作用是使用前景色沿路径的外轮廓进行描边，主要就是为了在图像中留下路径的外观。描边默认使用铅笔的参数进行描绘，具体效果如图5-8所示。

图5-7 填充路径

图5-8 用画笔描边路径

—— 小技巧

按住键盘上【Alt】键的同时，单击"用画笔描边路径"图标，则会弹出调整"描边路径"参数的对话框。

在描边路径时，默认是使用1像素的单线条进行描边，但此时会出现问题，有线条锯齿存在，此时我们不妨先将其路径转换为选区，然后对选区进行描边处理，既可以得到原路径的线条，又可以消除矩齿。

8. 路径和选区的相互转换

在Photoshop中，不仅能够将路径转换为选区，反过来也可以将选区转换为路径。

这两个操作分别使用了位于"路径"面板中的"将路径作为选区载入"和"从选区生成路径"按钮，如图5-9所示。

图5-9 路径和选区的相互转换

—— 小技巧

按住键盘上【Ctrl】键的同时，单击路径，可以快速将路径转换为选区。

5.2.2 钢笔工具的使用

钢笔工具属于矢量绘图工具，其优点是可以勾画平滑的曲线，在缩放或者变形之后仍能保持平滑效果。钢笔工具画出来的矢量图形称为路径，路径可以是不封闭的开放状态，如果把起点与终点重合绘制就可以得到封闭的路径。

钢笔工具组里按功能不同可分为：钢笔工具、自由钢笔工具、添加锚点工具、删除锚点工具、转换点工具。这五个工具能完成路径的前期绘制工作，如图5-10所示。

对路径进行操作，常用的工具还有路径选择工具和直接选择工具，通过这两个工具结合前面钢笔工具组中的部分按钮可以对绘制后的路径曲线进行编辑和修改，完成路径曲线的后期调节工作，如图5-11所示。

图5-10 钢笔工具

图5-11 路径选择工具

1. 钢笔工具

（1）选择钢笔工具。

单击工具箱中的"钢笔工具"按钮 或使用快捷键"P"，即可切换到钢笔工具。

（2）绘制直线路径。

选择"钢笔工具"后，在图像上单击鼠标左键绘制直线的起点，接着用鼠标左键单击下一个锚点，两个点之间就连接成了一条直线，继续在下一个节点位置单击鼠标，直到当终点和起点重合时，光标下方会出现一个圆圈，在此处单击，表示封闭路径，如图5-12所示。

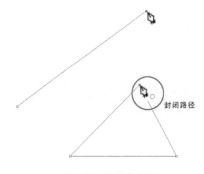

封闭路径

图5-12 绘制直线路径

—— 小技巧 ——

绘制直线路径时，按住【Shift】键可以让所绘制的点与上一个点保持45°整数倍夹角（0°、90°），这样可以绘制水平或垂直的线段。

（3）绘制曲线路径。

选择"钢笔工具"后，将光标放在曲线开始的位置，按下鼠标左键并拖曳鼠标，第一个锚点的两边会出现方向控制点，接着单击第二个锚点，并沿需要的方向拖曳，拖曳时笔尖会出现两个方向的控制点，两个控制点的长度和曲率决定了曲线的形状，如图5-13所示。

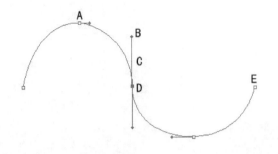

图5-13 绘制曲线路径

图5-13中，A为曲线；B为方向控制点；C为方向控制柄；D为用来转换成曲线的锚点；E为路径的锚点。

（4）钢笔工具选项栏。

选择"钢笔工具"后，在屏幕上方会出现一个选项栏，默认选项为创建路径，其中包括创建"形状""橡皮带""自动添加/删除""路径操作""路径对齐方式"等常用选项，如图5-14所示。

图5-14 钢笔工具选项栏

当选项栏中选择创建"形状"后，选项栏会出现和创建形状图层相关的选项，如图5-15所示。其中包括"填充""描边""描边宽度""描边类型""形状大小"等相应选项。

图5-15 创建"形状"选项栏

2. 自由钢笔工具

（1）按下"钢笔工具"按钮不放，将会弹出钢笔工具组中的其他工具。其中第二个是"自由钢笔工具"，如图5-16所示。

（2）"自由钢笔工具"常用来绘制比较自由的、随手而画的路径。它允许用户按住鼠标随意拖动，鼠标经过的地方生成路径和锚点，其中当选中"磁性的"功能后，"自由钢笔工具"变为"磁性钢笔工具"，可跟踪图像中物体的边缘自动形成路径，如图5-17所示。

图5-16 自由钢笔工具

图5-17 磁性钢笔工具

3. 添加锚点工具

选择"添加锚点工具"后，将鼠标放在已画好的工作路径上，这时鼠标将变成添加锚点模式，单击鼠标左键，即可在工作路径上添加锚点，如图5-18所示。

4. 删除锚点工具

选择"删除锚点工具"后，将鼠标放在已画好的工作路径的锚点上，这时鼠标变成"删除锚点工具"，单击鼠标左键，即可在工作路径上删除此锚点，如图5-19所示。

图5-18 添加锚点工具

图5-19 删除锚点工具

── 小技巧 ────────────────────────────────────

如果在选择"钢笔工具"的同时，选中选项栏中的"自动增加/删除"复选框，其作用与选中添加锚点工具和删除锚点工具相同。

5. 转换点工具

"转换点工具"可以将路径中的直线锚点和曲线锚点互相转换，在直线锚点上单击鼠标左键并拖曳，将会转换成曲线锚点并产生方向控制点；再次单击曲线锚点就可以将此锚点转换成直线锚点。它主要用来改变路径上锚点的曲线度而不能用来改变锚点在该路径上的位置，如图5-20所示。此时可以改变其中的一个方向控制点，从而达到改变路径形状的目的，如图5-21所示。

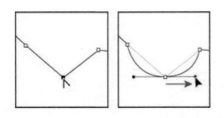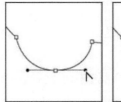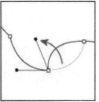

图5-20　直线锚点转换为曲线锚点　　　　图5-21　改变曲线锚点一个方向的控制点

6. 路径选择工具

"路径选择工具"可以用来选中整条或多条路径，并进行移动、变换等操作，包含以下两种工具。

（1）路径选择工具（黑箭头）：选择一个闭合的路径或一个独立存在的路径，并对其进行移动、组合、复制等操作。

（2）直接选择工具（白箭头）：可以选择路径上的任何锚点，并进行移动操作。也可用来调整方向控制点，点选其中一个锚点并按【Shift】键可连续选择多个。

—— 小技巧

在使用路径选择工具时，按住【Ctrl】键可快速调换使用这两种工具。使用钢笔工具时，按住【Ctrl】键可快速切换到直接选择工具。

5.2.3 形状工具组

形状工具组可以绘制一些特殊的形状路径，工具组包括矩形、圆角矩形、椭圆、多边形、直线和自定形状工具，用鼠标右键单击工具箱中的"自定形状工具"按钮，即可显示出自定形状工具组，如图5-22所示。

图5-22　形状工具组

1. 矩形工具

"矩形工具"可以绘制矩形或正方形路径，工具选项栏如图5-23所示。

图5-23　"矩形工具"选项栏

2. 圆角矩形工具

"圆角矩形工具"可以用来绘制边缘平滑的矩形路径。

"圆角矩形工具"选项栏与"矩形工具"选项栏相比，增加了"半径"选项，此选项用于设置所绘制矩形四角的圆弧半径，输入数值越大，四个圆角的圆弧越圆滑，如图5-24所示。

3. 椭圆工具

"椭圆工具"可以绘制椭圆或圆形路径。

4. 多边形工具

"多边形工具"可以绘制多边形路径。

"多边形工具"选项栏上的"边"选项，可以设置多边形的边数。单击"多边形工具"属性栏上的"设置"按钮 ■，弹出"多边形工具"选项框，在这里可以对半径、平滑拐角、星形以及平滑缩进等参数进行设置，如图5-25所示。

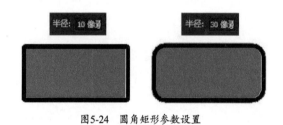

图5-24　圆角矩形参数设置　　　　　　　图5-25　"多边形工具"选项框

—— 小技巧 ——

绘制矩形、圆角矩形、椭圆形路径或形状图层时，按住【Shift】键的同时进行绘制，可分别绘制出正方形、圆角正方形和圆形的路径或形状图层。

5. 直线工具

"直线工具"可以绘制直线路径。

"直线工具"选项栏上的"粗细"选项，可以设置直线的粗细。单击"直线工具"属性栏上的"设置"按钮 ■，弹出"直线工具"选项框，在这里可以对箭头的起点和终点、宽度、长度、凹度等参数进行设置，如图5-26所示。

6. 自定形状工具

"自定形状工具"可以绘制自定形状路径。

单击"自定形状工具"选项栏上的"形状"选项，可以直接选择软件提供的形状，也可以将自定义形状添加到列表框中，如图5-27所示。

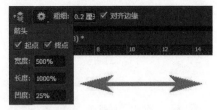

图5-26 "直线工具"选项框

图5-27 "形状"选项

为了使创建的图形更加精确，除了"直线"工具以外，形状工具组中的每一个工具不仅可以通过拖曳鼠标来进行创建，而且还提供通过对话框进行创建图形的方法。选择相应的工具后，在工作区单击鼠标左键，即可弹出创建对话框，如图5-28所示。

图5-28 创建"形状"对话框

5.2.4 纯色填充、渐变填充、图案填充和填充图层

1. 纯色填充

纯色填充是Photoshop用户使用最频繁的一种填充方法，单击工具箱中的"油漆桶工具" 🖐 或使用快捷键"G"，单击要填充的区域，即可对该区域进行前景色的填充。

改变"油漆桶工具"选项栏中的"容差"选项，如图5-29所示，可以对画面中的填充范围进行调整，如图5-30所示。

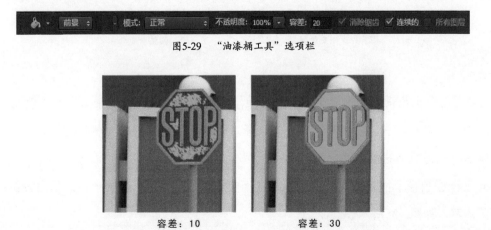

图5-29 "油漆桶工具"选项栏

容差：10　　　　　　容差：30

图5-30 调整容差

—— 小技巧 ——

对整个图层或画面中的选区部分进行填充，可以使用快捷键【Alt+Delete】填充前景色，【Ctrl+Delete】快捷键填充背景色。

2. 渐变填充

渐变填充也是比较常用的填充方法，单击工具箱中的"渐变工具"按钮■或使用快捷键【G】，在工作区拖曳鼠标，即可对画面进行渐变填充。

"渐变工具"选项栏提供了常用的调整选项，如渐变编辑器、渐变方式、模式、不透明度等，如图5-31所示。

图5-31　"渐变工具"选项栏

渐变填充提供了两种或两种以上的颜色过渡填充效果，颜色的变化形式由位于"渐变工具"选项栏的"渐变编辑器"来调整，如图5-32所示，颜色的变化方向为"渐变工具"拖动的方向。

要调整渐变的颜色，先单击图5-33中A位置旁边的小滑块，再在B位置单击后弹出"拾色器"对话框，选择想要的颜色。要改变渐变颜色的透明度，先单击C位置旁边的小滑块，再在D位置设定想要的透明度。可拖动位于色带上方的透明度滑块或下方的颜色选择滑块，改变色彩的渐变位置；也可以通过在色带上方或下方单击来添加滑块，以创建更丰富的渐变效果。

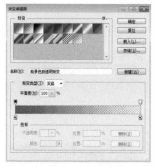

图5-32　渐变编辑器

图5-33　调整渐变颜色

3. 图案填充

图案填充常用于背景图层的填充，具体的操作方法是执行"编辑"菜单中的"填充"命令，弹出"填充"对话框，在"使用"选项卡中选择"图案"填充方式，如图5-34所示；在"自定图案"选项卡中选择适合的图案进行填充。

Photoshop中自带了很多图案可供选择，在"自定图案"选项卡的右上角，单击按钮 ，可选择其他的图案，如图5-35所示。

图5-34 "填充"对话框 　　　　图5-35 选择其他自带的图案

—— 小技巧 ——

Photoshop允许用户自定义图案进行填充。选择要填充的图片内容，执行"编辑"菜单中的"定义图案"命令，就可将自定义的图案添加到图案库中。

4. 填充图层

填充图层是一种特殊的图层，可以用纯色、渐变或图案创建填充图层，填充内容只出现在该图层，对其他图层不会产生影响。单击"图层"面板底部的"创建新的填充或调整图层"按钮，在弹出的对话框中选择纯色、渐变或图案的填充方式，如图5-36所示。

图5-36 创建"填充图层"

填充图层产生的是一个矢量图层，其特点是它的操作作用于它下方的所有图层，可以随时调整和修改填充效果，若想取消填充，可删除填充图层，不会对其他图层产生任何影响。

5.3 综合练习——UI图标的制作

案例分析

下面我们通过设计制作一个拟物化的图标——音响，来学习Photoshop中钢笔工具、图层样式、矢量图形的相关应用。

知识准备

在本例中会涉及前面几个章节讲到的部分内容，对选区、图层样式、菜单命令等都会有所牵涉。图层样式、渐变填充的使用可以使我们对选区有更进一步的掌握，下面我们就开始图标的设计，最终效果如图5-37所示。

图5-37　最终效果

1．执行"文件"菜单下的"新建"命令，建立一个尺寸为2000×2000像素，分辨率为72dpi的文件。将背景色填充为黑色。选择"渐变"工具■，选择前景色到透明的渐变，将前景色设置为深灰色，如图5-38所示。

2．新建图层，单击径向渐变按钮■，从画面底部向上拖动鼠标绘制渐变效果，并将图层不透明度调至75%，如图5-39所示。

图5-38　创建前景色到透明的渐变

图5-39　渐变效果

3．选择"圆角矩形"工具■，将半径设置为200像素，绘制图形，如图5-40所示。

4．双击此图层，弹出"图层样式"面板，选择"渐变映射"，具体参数如图5-41所示。

图5-40 绘制圆角矩形

图5-41 图层样式面板参数设置

5．接下来我们为圆角矩形绘制一个厚度，使它看起来比较真实，复制两个圆角矩形图层，为其命名"1"和"2"。选择"移动"工具，单击键盘向下的箭头，将"1"图层向下移动几个像素，按住【Ctrl】键，鼠标单击此图层的缩略图载入选区，如图5-42所示。

6．选择"2"图层，单击【Delete】键，关闭"1"图层，效果如图5-43所示。

图5-42 载入选区

图5-43 Delete之后的效果

7．按住【Ctrl】键，单击"2"图层缩略图，载入选区，选择渐变工具，前景色设置为浅灰色，背景色设置为深灰色，从上向下拖动，效果如图5-44所示。

8．选择"椭圆选框工具" ，按住【Shift】键绘制一个正圆，填充为黑色，将此图层命名为"黑色正圆"，如图5-45所示。

图5-44 渐变效果

图5-45 黑色正圆效果

9．按【Ctrl+J】组合键复制四个图层备用，如图5-46所示。

10．单击"黑色正圆"图层，执行"滤镜"菜单下"模糊"中的"高斯模糊"命令，在弹出的对话框中将"半径"设置为7，将图层不透明度设置为50%，效果如图5-47所示。

图5-46　复制"黑色正圆"图层　　　　图5-47　"滤镜""高斯模糊"效果

11．双击"黑色正圆副本"图层，弹出"图层样式"面板，选择"渐变叠加"，具体参数及效果如图5-48和图5-49所示。

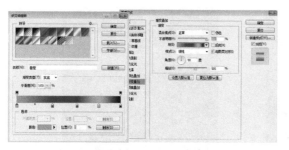

图5-48　图层样式"渐变叠加"参数设置　　　　图5-49　"渐变叠加"效果

12．双击"黑色正圆副本2"设置此图层"图层样式"，并将其进行缩放，具体参数及效果如图5-50～图5-53所示。

13．双击"黑色正圆副本3"，对"图层样式"中"渐变叠加"进行设置，并对其进行缩放，具体参数及效果如图5-54和图5-55所示。

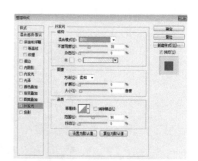

图5-50　"内阴影"参数设置　　　　图5-51　"颜色叠加"参数设置　　　　图5-52　"外发光"参数设置

图5-53　调整后效果

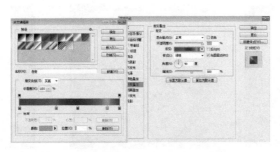

图5-54　黑色正圆副本3"渐变叠加"参数设置

图5-55　黑色正圆副本3"渐变叠加"效果

14. 双击"黑色正圆副本4"对此图层的"渐变叠加"进行设置，具体参数及效果如图5-56和图5-57所示。

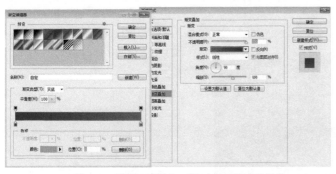

图5-56　黑色正圆副本4"渐变叠加"参数设置

图5-57　黑色正圆副本4"渐变叠加"效果

15. 再次复制"黑色正圆"图层，将其放置在最上层，对其缩放，如图5-58所示。

16. 继续复制此图层，将其改变成深灰色，对其缩放，效果如图5-59所示。

17. 新建图层命名为渐变圆形，添加渐变效果，如图5-60所示。

图5-58　渐变叠加效果

图5-59　添加深灰色圆形效果

图5-60　渐变圆形效果

18. 新建图层，绘制一个小的圆形，填充为深灰色，如图5-61所示。

19. 新建图层绘制一个渐变的圆形，如图5-62所示。

20. 接下来我们要为音响添加网孔效果，此步骤相对复杂一些，首先新建图层，绘制一个小圆，按【Ctrl+J】组合键复制，排列至如图5-63所示，并合并图层，将这些小圆点合并到一个图层中。

图5-61　深灰色小圆形效果

图5-62　渐变圆形效果

图5-63　网格绘制

21．复制如图5-57所示的图层，按住【Ctrl】键，鼠标单击小圆点图层，载入选区，如图5-64所示，选择刚才复制的图层，单击【Delete】键，完成网孔制作，如图5-65所示。

22．复制网孔图层，双击此图层，调出"图层样式"面板，对"斜面与浮雕"进行设置，参数如图5-66所示。

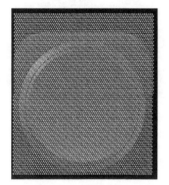
图5-64　载入选区

图5-65　网孔完成效果

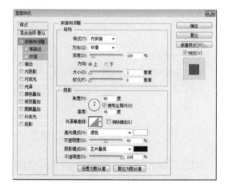
图5-66　"斜面和浮雕"参数设置

23．再次复制网孔图层，将其颜色变为白色，不透明度设置为40%，为其添加蒙版，将蒙版颜色改为黑色，用白色画笔在此图层左上方擦出如图5-67所示效果。

24．此时我们已将音响的大部分制作完毕，为使其更加逼真，我们要在音响的四个角上添加螺丝钉效果，新建图层，使用椭圆选框工具绘制一个小圆，填充任意色彩，取消选择，并将其移动至音响右上角，双击此图层，调出"图层样式"面板，对其渐变叠加进行设置，如图5-68所示。

25．新建图层绘制一个圆形，填充为深灰色，缩放效果如图5-69所示。

图5-67　添加蒙版调整之后效果

图5-68　"渐变叠加"参数设置

图5-69　添加深灰色圆形

26．复制此图层，双击调出"图层样式"面板，对其"描边"和"渐变叠加"进行设置，如图5-70所示，效果如图5-71所示。

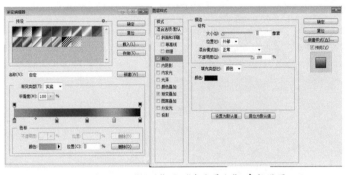
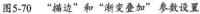

图5-70 "描边"和"渐变叠加"参数设置　　　　图5-71 描边与渐变叠加效果

27．新建图层，选择多边形工具绘制六边形，双击此图层，调出"图层样式"面板，对其进行调整，具体参数及效果如图5-72～图5-76所示。

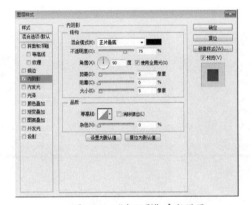
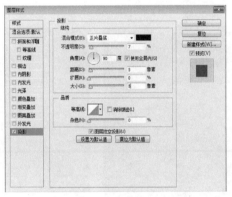

图5-72 "内阴影"参数设置　　　　　　图5-73 "投影"参数设置

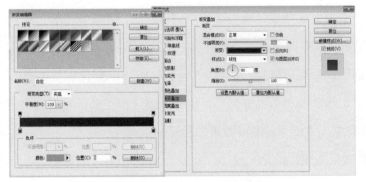
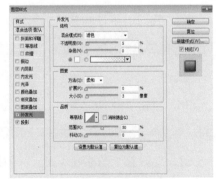

图5-74 "渐变叠加"参数设置　　　　　　图5-75 "外发光"参数设置

图5-76 调整后效果

28.此时我们已将螺丝钉制作完毕，将这些图层选中，单击"图层"面板下的按钮，创建"组"，为其命名为"螺丝钉"，单击"螺丝钉"组，复制三次，将其移动到音响的其他三个角上，最终效果如图5-77所示。

图5-77 最终效果　　　　　　　　图5-78 模糊效果　　　　　　　　图5-79 灯光效果

29.我们已将音响制作完毕，为了突出立体效果，我们要给它制作阴影，在音响下方，使用矩形选框工具绘制一个矩形，填充为黑色，不透明度设置为70%，并将此图层移动至背景层上方，执行"滤镜""模糊""动感模糊"，效果如图5-78所示，并将其移动至音响下方。

30.单击"背景"图层，新建图层，将其命名为"灯光"，选择椭圆选框工具，将羽化调至300，绘制一个椭圆形，并将其移动至音响下方即可，最终效果如图5-79所示。

31.此时整个图标制作完毕，最终效果如图5-80所示。

图5-80 图标最终效果

本章小结

　　在本章中，我们学习了路径的操作、矢量工具、钢笔工具的使用，形状工具组的具体操作，以及纯色填充、渐变填充和图案填充，并且通过设计制作UI图标，综合运用了相关知识点，在学习中，我们应该注意如下几点。

　　1．使用钢笔工具绘制路径时，应综合应用添加锚点、删除锚点、转换点、路径选择等相关工具，并且熟练掌握相应的快捷键，以便在操作时更加轻松自如。

　　2．进行UI设计时，在做到符合使用者对功能的需求的前提下，还要充分考虑用户体验。

习 题

1. 填空题

（1）钢笔工具组里按功能不同分为：_____、_____、_____、_____、_____。

（2）按住_____键，使用"路径选择工具"拖曳要复制的路径，可快速复制路径。

（3）使用快捷键_____填充前景色，_____填充背景色。

（4）执行_____，就可将图案自定义的图案添加到图案库中。

2. 选择题

（1）在使用路径选择工具时，按住_____键可快速调换使用这两种工具。

A．Ctrl   B．Shift

C．Alt   D．空格键

（2）使用_____命令，可以使尖锐边缘的选区产生边缘圆弧化的效果。

A．平滑选区   B．扩大选区

C．收缩选区   D．边界选区

（3）使用_____工具，可以对图层进行对齐、平均分布及对图像进行变形操作。

A．画笔   B．橡皮擦

C．移动   D．抓手

3. 简答题

（1）请简述优秀的UI用户界面体现在哪几个方面。

（2）请简述制作UI图标的技术要求。

（3）简述删除路径的方法。

4. 实战操作

请结合本章中学到的钢笔工具的相关知识点，制作UI按钮。

第6章

制作创意海报

↗ **本章知识重点**

6.1 行业相关背景知识介绍

6.1.1 海报的特点

海报又称为"招贴""宣传画",它以图形、文字、色彩等视觉元素为主要表现手段,主要张贴在各街道、影剧院、展览会、商业区、车站、码头、公园等户外的公共场所,因为会受到周围环境等因素的干扰,所以海报较之其他广告具有画面大、艺术表现力丰富、远视效果强烈等特点。

6.1.2 创意海报的要求

海报作为一种信息传递的艺术形式,是一种大众化的信息传播工具。因此,进行海报设计时必须满足以下要求:画面大、主题突出;画面简洁、视觉冲击力强;创意新颖、有艺术感染力。在设计时需要充分调动形象、色彩、构图、形式感等因素形成强烈的视觉效果;画面应有强烈的视觉中心,力求新颖,还必须具有独特的艺术风格和设计特点。

画面大、主题突出:海报广告不是拿在手上的设计,它通常张贴在户外,所以海报必须要有大尺寸的画面,其画面尺寸通常有全开、对开、八开等。

画面简洁、视觉冲击力强:海报是"瞬间"的速看广告和街头艺术,为了能给来去匆忙的人们留下深刻的印象,设计时除了注意画面尺寸大之外,还应充分体现定位、个性等原则。标题设计突出、画面简洁、色彩协调统一中寻求汉字、文案引人注目,还可以使用大面积留白的画面来突出海报的主题,使其具有强烈的视觉冲击力,在很远的地方就能成为视觉焦点,使观众能迅速准确地理解意图,从而引起他们的关注以达到传递信息的目的。

创意新颖、有艺术感染力:海报除了需要符合上述特点以外,还必须跟上时代的发展,符合现代人的审美心理,贴近现代人的生活,具有独特的创意和较高的艺术性。从新颖而独特的视角切入主题,充分拓展想象思维,从宏观的角度、社会价值的角度、个人观念的角度去挖掘新创意,与观者在情感上达到共鸣。

任务描述

在这一章中,我们将学习如何利用Photoshop CS6的蒙版和通道等功能来制作一幅主题鲜明、具有独特艺术感染力的演出海报。最终效果如图6-1所示。

图6-1　完成效果

6.2 Photoshop相关知识点应用

6.2.1 了解蒙版

蒙版是保护被选区域或指定区域不受编辑操作的影响，起到遮蔽的作用。当选择某个图像的部分区域时，未选中的区域会被蒙版保护以免被编辑。因此，创建了蒙版后，当要改变图像某个区域的颜色，或者要对该区域应用滤镜或其他效果时，可以隔离并保护图像的其余部分。也可以在进行复杂的图像编辑时使用蒙版，如将颜色或滤镜效果逐渐应用于图像。蒙版包括快速蒙版、图层蒙版、矢量蒙版、剪贴蒙版，如图6-2所示。

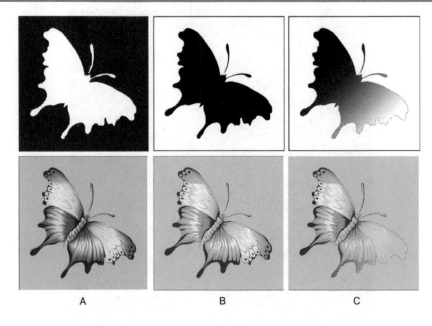

图6-2 蒙版

图6-2中，A为用于保护背景并编辑"蝴蝶"的透明蒙版；B为用于保护"蝴蝶"并为背景着色的透明蒙版；C为用于为背景和部分"蝴蝶"着色的半透明蒙版。

6.2.2 快速蒙版

快速蒙版模式可以将任何选区作为蒙版进行编辑，而无需使用"通道"面板。例如，我们创建一个圆形选区，可以进入快速蒙版模式并使用画笔扩展或收缩选区，也可以使用滤镜扭曲选区边缘，还可以使用选区工具，因为快速蒙版不是选区。

要使用"快速蒙版"模式，首先创建一个选区，然后添加或减去选区，以建立蒙版，也可以完全在"快速蒙版"模式下创建蒙版。受保护区域和未受保护区域以不同颜色进行区分。当离开"快速蒙版"模式时，未受保护区域成为选区。

当在"快速蒙版"模式中工作时，"通道"面板中会出现一个临时快速蒙版通道，但是所有的蒙版编辑不是在图像窗口中完成的。

创建快速蒙版的步骤如下。

（1）打开素材图片"011.jpg"，使用"椭圆选框工具"，选择要更改的图像部分。

（2）单击工具箱中的"快速蒙版"模式按钮▣。

颜色叠加（类似于红片）覆盖并保护选区外的区域。选中的区域不受该蒙版的保护。默认情况下，"快速蒙版"模式会用红色、50%不透明的叠加为受保护区域着色，如图6-3所示。

图6-3中，A为"标准"模式；B为"快速蒙版"模式；C为选中的像素在通道缩略图中显示为白色；D为红色叠加保护选区外的区域，未选中的像素在通道缩略图中显示为黑色。

（3）如果需要对蒙版进行编辑，需从工具箱中选择绘画工具，此时，工具箱中的色板会自动改变成黑白色。用白色绘制可在图像中选择更多的区域（颜色叠加会从用白色绘制的区域中移去）。要取消选择区域，请用黑色在它们上面绘制（颜色叠加会覆盖用黑色绘制的区域）。用灰色或其他颜色绘画可创建半透明区域，这对羽化或消除锯齿效果有用（当退出"快速蒙版"模式时，半透明区域可能不会显示为选定状态，但它们的确处于选定状态），如图6-4所示。

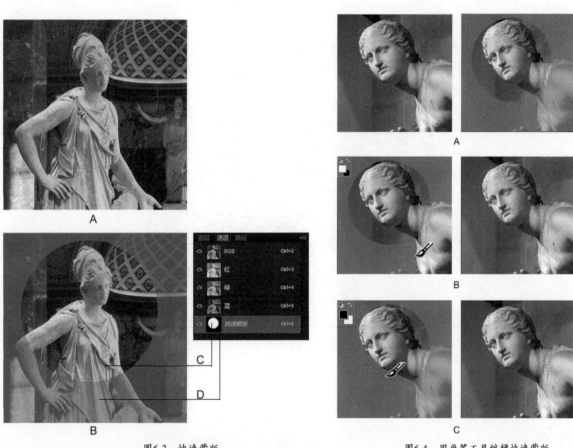

图6-3　快速蒙版　　　　　　　　　　　　　　图6-4　用画笔工具编辑快速蒙版

图6-4中，A为原来的选区和将红色选作蒙版颜色的"快速蒙版"模式；B为在"快速蒙版"模式下用白色绘制可添加到选区；C为在"快速蒙版"模式下用黑色绘制可从选区中减去。

（4）单击工具箱中的"标准模式"按钮，关闭快速蒙版并返回到原始图像，此时，在"快速蒙版"模式的边界会出现一个选区包围快速蒙版的未保护区域。

—— 小技巧

通过切换到标准模式并执行"选择"菜单下的"存储选区"命令，即可将此临时蒙版转换为永久性Alpha通道。

"快速蒙版"模式主要适用于快速处理当前选区，不会生成相应附加图层，简单快捷。它对于一些粗略的选取调整具有不错的效果，不适用于复制图像的抠图处理。

6.2.3 矢量蒙版的使用

1. 矢量蒙版

矢量蒙版是由钢笔工具或形状工具创建在图层面板中，通过形状控制图像显示区域，仅作用于当前图层。矢量蒙版中创建的形状是矢量图，可以对图形进行编辑修改，从而改变蒙版的遮罩区域，对它进行任意缩放也不会影响分辨率，产生锯齿。

2. 创建矢量蒙版

创建矢量蒙版需要用钢笔工具或其他形状工具建立路径。

（1）打开素材"012.jpg"，用钢笔工具建立选区，如图6-5所示。

图6-5　创建路径

（2）执行"图层"菜单下"矢量蒙版"中的"当前路径"命令，这时选区以内的部分显示出来，选区以外的部分被蒙版遮挡住了，在"图层"面板中就会出现一个"矢量蒙版缩略图"，如图6-6所示。

图6-6　创建矢量蒙版

—— 小技巧 ——

我们可以通过调整路径来改变矢量蒙版的形状，图像不会受到损失。

6.2.4 剪贴蒙版的使用

1. 剪贴蒙版

剪贴蒙版又称"剪贴组"，它通过使用处于下方图层的形状来限制上方图层的显示状态，从而产生一种类似剪贴画的效果。

剪贴蒙板由多个图层组成，最下面的图层叫基层，位于其上的图层叫顶层。基层只能有一个，顶层可以有若干个。基层可以影响其他顶层；而顶层则只是受基层影响，它不能影响其他图层。

可以在剪贴蒙版中使用多个图层，但它们必须是连续的图层。蒙版中的基层名称带下划线，上层图层的缩览图是缩进的。叠加图层将显示一个剪贴蒙版图标。

2. 创建剪贴蒙版

在"图层"面板中排列图层，以使带有蒙版的基层位于要蒙盖的图层的下方。

（1）打开素材图片"013.jpg"，并在图片上输入文字，如图6-7所示。

（2）调整图层顺序，如图6-8所示。

图6-7 输入文字

图6-8 图层顺序

（3）单击背景图层，执行"图层"菜单下的"创建剪贴蒙版"命令，效果如图6-9所示。

图6-9 创建剪贴蒙版

—— 小技巧 ——

如果在剪贴蒙版中的图层之间创建新图层，或在剪贴蒙版中的图层之间拖动未剪贴的图层，该图层将成为剪贴蒙版的一部分。

3. 移去剪贴蒙版中的图层

执行"图层"菜单下的"释放剪贴图层蒙版"命令，则可以从剪贴蒙版中移去所选图层以及它上面的任何图层。

6.2.5 图层蒙版的使用

1. 图层蒙版

图层蒙版是Photoshop中一项十分重要的功能，就好像在当前图层上面覆盖一层遮罩，然后用各种绘图工具在蒙版上涂色，涂黑色的地方蒙版将遮挡当前图层的图像；涂白色的地方则可以显示当前图层上的图像。

2. 图层蒙版的操作

（1）打开素材图片"011.jpg"和"012.jpg"，将"011.jpg"的图像复制、粘贴到"012.jpg"中，如图6-10所示。

图6-10　复制、粘贴图像

（2）在"图层2"上沿雕塑外形建立选区，并单击"图层"面板底部的"添加图层蒙版"按钮，如图6-11所示。

图6-11　建立图层蒙版

—— 小技巧 ——

如果要从图层蒙版中减去并显示图层，请将图层蒙版涂成白色。如果要使图层部分可见，请将图层蒙版绘成灰色。灰色越深，色阶越透明；灰色越浅，色阶越不透明。如果要向图层蒙版中添加并隐藏图层或组，请将图层蒙版绘成黑色，下方图层变为可见的。如果要编辑图层而不是图层蒙版，请单击"图层"面板中的图层缩览图以选择它，图层缩览图的周围将出现一个边框。

6.2.6 认识通道

通道是存储不同类型信息的灰度图像。颜色信息通道是在打开新图像时自动创建的，图像的颜色模式决定了所创建的颜色通道的数目。例如，RGB图像包含了红色、绿色和蓝色通道，并且还有一个用于编辑图像的复合通道。CMYK图像则包含了青色、洋红色、黄色、黑色和一个用于编辑的复合通道。

6.2.7 通道的类型

通道分为三大类：颜色通道、Alpha通道(包括快速蒙版)、专色通道。

1. 颜色通道

新建或打开一个文件，系统会自动创建颜色通道。例如，打开一个色彩模式为CMYK的图片，在通道面板上包含了五个通道，如图6-12所示。

图6-12 颜色通道

我们可以看到，除了用于编辑的复合通道是彩色的，其余的四个通道都是用黑白的灰度图来表示颜色的分布，越黑的地方某种颜色分布的就越少，颜色就越暗，而相反，越白的地方某种颜色分布的就越多，颜色就越亮。

2. Alpha通道

当我们在图像中建立了"快速蒙版"之后，在通道面板中就会自动生成一个Alpha通道。它将选区存储为灰度图像。可以添加 Alpha 通道来创建和存储蒙版，这些蒙版用于处理或保护图像的某些部分，如图6-13所示。

图6-13　Alpha通道

3. 专色通道

专色通道是用于保存专色信息的通道，它可以保存印刷时所需的一种特定的彩色油墨信息，作为对普通印刷油墨（CMYK）的补充。如需在印刷中添加明亮的橙色、绿色、荧光色、金属银色、烫金版、凹凸版、局部光油版等印刷效果，则需要使用此通道。每个专色通道只是以一个灰度图形式存储相应专色信息，与其在屏幕上的彩色显示无关。

如果要印刷带有专色的图像，则需要创建存储这些颜色的专色通道。为了输出专色通道，必须将文件以 DCS 2.0 格式或 PDF 格式存储。

Photoshop CS6可以在除位图模式以外的任何色彩模式下生成专色通道。创建专色通道可以通过在通道面板的下拉菜单中选择"新专色通道"命令来创建。专色一般选择PANTONE色，当选择PANTONE色后，名称框中会自动添加该专色名称，如图6-14和图6-15所示。

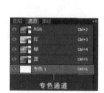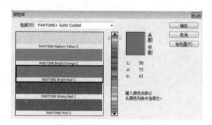

图6-14　专色通道　　　　　图6-15　PANTONE色彩库

6.2.8 通道的操作

一个图像最多可有 56 个通道。所有的新通道都具有与原图像相同的尺寸和像素数目。通道所需的文件大小由通道中的像素信息决定。只要以支持图像颜色模式的格式存储文件，即会保留颜色通道。只有当以 Photoshop、PDF、TIFF、PSB或 Raw 格式存储文件时，才会保留 Alpha 通道。DCS 2.0 格式只保留专色通道。以其他格式存储文件可能会导致通道信息丢失。

1. "通道"面板

它列出了图像中的所有通道，对于 RGB、CMYK 和 Lab 图像，将最先列出复合通道。通道内容的缩览图显示在通道名称的左侧，在编辑通道时会自动更新缩览图，如图6-12所示。

图6-16中，A为颜色通道；B为专色通道；C为Alpha通道。

2. 选择和编辑通道

可以在"通道"面板中选择一个或多个通道，如图6-17所示。

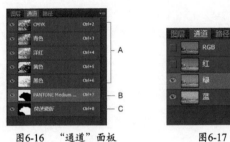

图6-16 "通道"面板   图6-17 "通道"面板

图6-17中，A为不可见、不可编辑的通道；B为已选定以进行查看和编辑的通道；C为可见但未选定以进行编辑的通道。

3. 选择通道

鼠标左键单击通道名称即可选择该通道。在选择了一个通道之后，按住键盘【Shift】键，并单击需要选择的通道，即可选择多个通道或者取消某个已经选择的通道。

4. 删除通道

有时候我们需要删除不需要的通道。复杂的Alpha通道将极大增加图像所占用的磁盘空间。在"通道"面板中选择需要删除的通道，然后单击"通道"面板底部的"删除当前通道"图标 ，在弹出的对话框中单击"是"即可完成删除。

5. 编辑通道

要对某个通道进行编辑必须先选择该通道，然后使用绘画或编辑工具在图像中绘画。一次只能在一个通道上绘画。用白色绘画可以按 100% 的强度添加选中通道的颜色。用灰色值绘画可以按较低的强度添加通道的颜色。用黑色绘画可完全删除通道的颜色。

6. 显示或隐藏通道

单击通道旁边的"眼睛"按钮 即可显示或隐藏该通道。单击复合通道可以查看所有的默认颜色通道。只要所有的颜色通道可见，就会显示复合通道。

6.2.9 Photoshop中滤镜的使用

Photoshop提供了一系列的滤镜用来实现图像的各种特殊效果，它在Photoshop中具有非常重要的作用。用滤镜能够为图像提供如素描或水彩画等的特殊艺术效果，还可以使用扭曲和光照等滤镜创建独特的变换效果。

Photoshop提供的滤镜都在"滤镜"菜单中。第三方开发商提供的某些滤镜可以作为增效工具使用。安装后这些增效工具滤镜出现在"滤镜"菜单的底部。

要使用滤镜，必须执行"滤镜"菜单中相应的命令。滤镜仅作用于当前的可见图层或选区。位图模式或索引颜色的图像无法使用滤镜。有些滤镜只对 RGB 图像起作用，而无法作用于其他模式的图像。

所有滤镜都可以应用于八位图像。下面我们讲解一些常用的滤镜的操作。

1. 滤镜库

滤镜库可提供许多特殊效果滤镜的预览，可以应用多个滤镜、打开或关闭滤镜的效果、复位滤镜的选项以及更改应用滤镜的顺序。如果对预览效果感到满意，则可以将它应用于图像。滤镜库并不提供"滤镜"菜单中的所有滤镜。

执行"滤镜"菜单下的"滤镜库"命令，即可显示滤镜库，单击滤镜的类别名称，可显示所用滤镜效果的缩览图，如图6-18所示。

图6-18　滤镜库对话框

图6-18中，A为预览；B为滤镜类别；C为所选滤镜的缩览图；D为显示/隐藏滤镜缩览图；E为"滤镜"弹出式菜单；F为所选滤镜的选项。

2. 液化滤镜

它可用于图像任意区域的推拉、旋转、反射、折叠和膨胀的效果制作。

执行"滤镜"菜单中的"液化"命令，在弹出的对话框中，即可对图像执行"液化"变形。

（1）在弹出的对话框中单击左侧的 "向前变形工具" ，可以在画面中进行推拉变形，如图6-19所示。

原图   向前变形

图6-19 液化——向前变形

—— 小技巧 ————————————————————————————————————

按住【Shift】键并单击变形工具、左推工具或镜像工具，可创建从单击点沿直线拖动的效果。

（2）单击左侧的"重建工具" ✓，按住鼠标左键并拖动时可反转已添加的扭曲。

（3）单击左侧的"顺时针旋转扭曲工具" ⌀，按住鼠标左键并拖动时可顺时针旋转图像，如图6-20所示。拖动时按住【Alt】键即可逆时针旋转图像。

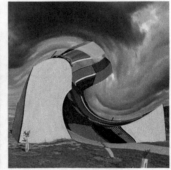

原图   顺时针旋转扭曲

图6-20 液化——顺时针旋转扭曲

（4）单击左侧的"皱褶工具" ▨，拖动时使图像朝着画笔区域的中心移动，如图6-21所示。

原图   褶皱

图6-21 液化——皱褶

（5）单击左侧的"膨胀工具" ，拖动时使像素朝着离开画笔区域中心的方向移动，如图6-22所示。

原图　　　　　　　　　　　　　膨胀

图6-22　液化——膨胀

3. 风格化滤镜

它通过置换像素或通过查找并增加图像的对比度，在选区中生成绘画或印象派的效果。在使用"查找边缘"和"等高线"等突出显示边缘的滤镜后，可应用"反相"命令用彩色线条勾勒彩色图像的边缘或用白色线条勾勒灰度图像的边缘。"风格化"滤镜菜单包含了查找边缘、等高线、风、浮雕、扩散、拼贴、曝光过度、凸出等滤镜效果，单击需要的效果即可对图像进行相应的变形处理，如图6-23所示。

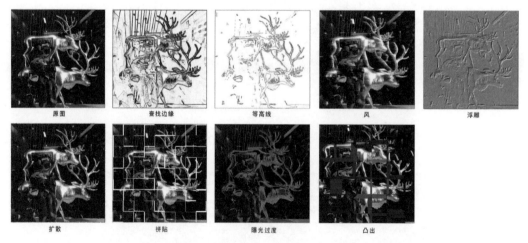

图6-23　风格化滤镜

（1）查找边缘：应用于反差强烈的图像，并突出边缘。像"等高线"滤镜一样，"查找边缘"用相对于白色背景的黑色线条勾勒图像的边缘，这对生成图像周围的边界非常有用。

（2）等高线：查找主要亮度区域的转换并为每个颜色通道淡淡地勾勒主要亮度区域的转换，以获得与等高线图中的线条类似的效果。

（3）风：在图像中放置细小的水平线条来获得风吹的效果，方法包括"风""大风"（用于获得更生动的风效果）和"飓风"（使图像中的线条发生偏移）。

（4）浮雕：通过将选区的填充色转换为灰色，并用原填充色描画边缘，从而使选区显得凸起或压低，选项包括浮雕角度（-360°～+360°，-360°使表面凹陷，+360°使表面凸起）、高度和选区中颜色数量的百分比（1%～500%）。

（5）扩散：搅乱选区中的像素以虚化焦点："正常"使像素随机移动（忽略颜色值）；"变暗优先"用较暗的像素替换亮的像素；"变亮优先"用较亮的像素替换暗的像素；"各向异性"在颜色变化最小的方向上搅乱像素。

（6）拼贴：将图像分解为一系列拼贴效果，使选区偏离其原来的位置。

（7）曝光过度：混合负片和正片图像，模仿显影过程中将摄影照片短暂曝光的效果。

（8）凸出：赋予图像一种 3D 纹理效果。

4. 模糊滤镜

它柔化选区内的图像或整个图像，通过平衡图像中已定义的线条和遮蔽区域的清晰边缘旁边的像素，使变化显得柔和。它包含了场景模糊、光圈模糊、倾斜模糊、表面模糊、动感模糊、高斯模糊、径向模糊等"模糊"滤镜，如图6-24所示。

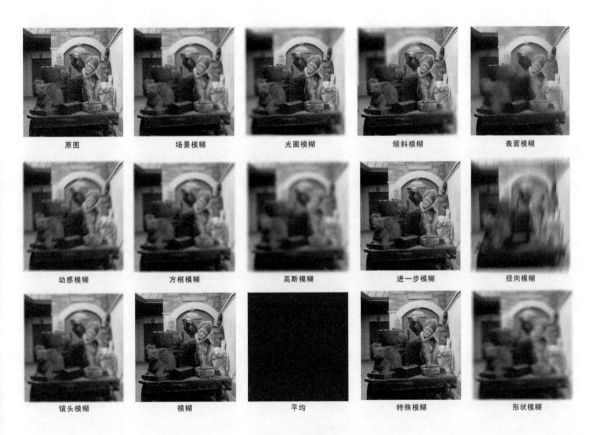

图6-24 模糊滤镜

（1）场景模糊、光圈模糊、倾斜偏移的具体讲解请参阅本书的1.3.3节。

（2）表面模糊：在保留边缘的同时模糊图像。"半径"选项指定模糊取样区域的大小；"阈值"选项控制相邻像素色调值与中心像素值相差多大时才能成为模糊的一部分。

（3）动感模糊：沿指定方向（-360°～+360°）以指定强度（1～999）进行模糊。此滤镜的效果类似于以固定的曝光时间给一个移动的对象拍照。

（4）方框模糊：基于相邻像素的平均颜色值来模糊图像。此滤镜用于创建特殊效果。可以调整用于计算给定像素的平均值的区域大小；半径越大，产生的模糊效果越好。

（5）高斯模糊：使用可调整的量快速模糊选区。"高斯模糊"滤镜添加低频细节，并产生一种朦胧效果。

（6）模糊和进一步模糊：在图像中有显著颜色变化的地方消除杂色。"模糊"滤镜通过平衡已定义的线条和遮蔽区域的清晰边缘旁边的像素，使变化显得柔和。"进一步模糊"滤镜的效果比"模糊"滤镜强三到四倍。

（7）径向模糊：模拟缩放或旋转的相机所产生的一种柔化的模糊效果。通过拖动"中心模糊"框中的图案，指定模糊的原点。

（8）镜头模糊：向图像中添加模糊以产生更窄的景深效果，以便使图像中的一些对象在焦点内，而使另一些区域变模糊。

（9）平均：找出图像或选区的平均颜色，然后用该颜色填充图像或选区以创建平滑的外观。例如，如果选择了草坪区域，该滤镜会将该区域更改为一块均匀的绿色部分。

（10）特殊模糊：精确地模糊图像，可以指定半径、阈值和模糊品质。半径值确定在其中搜索不同像素的区域大小。阈值确定像素具有多大差异后才会受到影响。也可以为整个选区设置模式（正常），或为颜色转变的边缘设置模式（"仅限边缘"和"叠加边缘"）。在对比度显著的地方，"仅限边缘"应用黑白混合的边缘，而"叠加边缘"应用白色的边缘。

（11）形状模糊：从自定形状预设列表中选取一种形状，并使用"半径"滑块来调整其大小。通过单击三角形并从列表中进行选取，可以载入不同的形状库。半径决定了形状的大小；形状越大，模糊效果越好。

5. 扭曲滤镜

它将图像进行几何扭曲，创建 3D 或其他整形效果，也可以通过"滤镜库"来应用"扩散亮光""玻璃"和"海洋波纹"滤镜，它包含波浪、波纹、极坐标、挤压、切变、球面化、水波、旋转扭曲等，如图6-25所示。

图6-25　扭曲滤镜

（1）波浪：工作方式和"波纹"滤镜类似，但可作为"波纹"滤镜的进行进一步控制。选项包括波浪生成器的数量、波长(从一个波峰到下一个波峰的距离)、波浪高度和波浪类型（正弦（滚动）、三角形或方形）。"随机化"选项应用随机值。也可以定义未扭曲的区域。

（2）波纹：在选区上创建波状起伏的图案，像水池表面的波纹，选项包括波纹的数量和大小。要进一步进行控制，请使用"波浪"滤镜。

（3）极坐标：根据选中的选项，将选区从平面坐标转换到极坐标，或将选区从极坐标转换到平面坐标。

（4）挤压：挤压选区。正值（最大值是 100%）将选区向中心移动；负值（最小值是-100%）将选区向外移动。

（5）切变：沿一条曲线扭曲图像。通过拖动框中的线条来指定曲线。可以调整曲线上的任何一点。单击"默认"可将曲线恢复为直线。

（6）球面化：通过将选区折成球形、扭曲图像以及伸展图像以适合选中的曲线，使对象具有 3D 效果。

（7）水波：根据选区中像素的半径将选区径向扭曲。"起伏"选项设置水波方向从选区的中心到其边缘的反转次数。还要指定如何置换像素："水池波纹"将像素置换到左上方或右下方，"从中心向外"向着或远离选区中心置换像素，而"围绕中心"围绕中心旋转像素。

（8）旋转扭曲：旋转选区，中心的旋转程度比边缘的旋转程度大。指定角度时可生成旋转扭曲图案。

6. 锐化滤镜

通过增加相邻像素的对比度来聚焦模糊的图像，使其变得更加清晰。

（1）锐化边缘和 USM 锐化："锐化边缘"滤镜只锐化图像的边缘，同时保留总体的平滑度。"USM 锐化"滤镜调整边缘细节的对比度，并在边缘的每侧生成一条亮线和一条暗线。它将使边缘突出，造成图像更加清晰的感觉。

（2）锐化和进一步锐化：聚焦选区并提高其清晰度。"进一步锐化"滤镜比"锐化"滤镜应用更强的锐化效果。

（3）智能锐化：通过设置锐化算法或控制阴影和高光中的锐化量来锐化图像。

7. 像素化滤镜

子菜单中的滤镜通过使单元格中颜色值相近的像素结成块来清晰地定义一个选区。它包含了彩块化、彩色半调、点状化、晶格化、马赛克、碎片及铜板雕刻，如图6-26所示。

图6-26　像素化滤镜

（1）彩块化：使纯色或相近颜色的像素结成相近颜色的像素块。可以使用此滤镜使扫描的图像看起来像手绘图像，或使现实主义图像类似抽象派绘画。

（2）彩色半调：模拟在图像的每个通道上使用放大的半调网屏的效果。对于每个通道，滤镜将图像划分为矩形，并用圆形替换每个矩形。圆形的大小与矩形的亮度成比例。

（3）点状化：将图像中的颜色分解为随机分布的网点，如同点状化绘画一样，并使用背景色作为网点之间的画布区域。

（4）晶格化：使像素结块形成多边形纯色。

（5）马赛克：使像素结为方形块。给定块中的像素颜色相同，块颜色代表选区中的颜色。

（6）碎片：创建选区中像素的四个副本，将它们平均，并使其相互偏移。

（7）铜板雕刻：将图像转换为黑白区域的随机图案或彩色图像中完全饱和颜色的随机图案。要使用此滤镜，请从"铜板雕刻"对话框中的"类型"菜单选取一种网点图案。

8. 渲染滤镜

它在图像中创建 3D 形状、云彩图案、折射图案和模拟的光反射，也可在 3D 空间中操纵对象，创建 3D 对象（立方体、球面和圆柱），并从灰度文件创建纹理填充以产生类似 3D 的光照效果。它包含分层云彩、镜头光晕、纤维、云彩，如图6-27所示。

原图

分层云彩

镜头光晕

纤维

云彩

图6-27 渲染滤镜

（1）分层云彩：随机生成介于前景色与背景色之间的色彩，生成云彩图案。首次使用该滤镜时，图像的某些部分被反相为云彩图案。应用此滤镜几次之后，会创建出与大理石的纹理相似的凸缘与叶脉图案。

（2）镜头光晕：模拟亮光照射到镜头上时所产生的折射效果。通过单击图像缩览图的任一位置或拖动其十字线光标，来指定光晕中心的位置。

（3）纤维：前景色和背景色创建编织纤维的外观。可以使用"差异"滑块来控制颜色的变化方式（较低的值会产生较长的颜色条纹；而较高的值会产生非常短且颜色分布变化更大的纤维）。"强度"滑块控制每根纤维的外观。

（4）云彩：介于前景色与背景色之间的随机值，生成柔和的云彩图案。当应用"云彩"滤镜时，当前图层上的图像数据会被替换。

9. 杂色滤镜

它可以添加或移去杂色或带有随机分布色阶的像素，它可以创建与众不同的纹理或移去有问题的区域，如灰尘和划痕。

（1）减少杂色：它可以在保留边缘的同时减少图像中的杂色。

（2）蒙尘与划痕：通过更改相异的像素减少蒙尘与划痕。

（3）去斑：自动检测图像中发生显著颜色变化的区域的边缘，并模糊除那些边缘外的所有选区。在移去杂色的同时保留细节。

（4）添加杂色：随机像素应用于图像，模拟在高速胶片上拍照的效果。

（5）中间值：通过混合选区中像素的亮度来减少图像的杂色。此滤镜搜索像素选区的半径范围以查找亮度相近的像素，扔掉与相邻像素差异太大的像素，并用搜索到的像素的中间亮度值替换中心像素。在消除或减少图像的动感效果时非常有用。

10. 其他滤镜

其他滤镜允许创建自己的滤镜、使用滤镜修改蒙版、在图像中使选区发生位移和快速调整颜色。它包含高反差保留、位移、自定、最大值、最小值，如图6-28所示。

原图	高反差保留	位移
自定	最大值	最小值

图6-28　其他滤镜

（1）高反差保留：在有强烈颜色转变发生的地方按指定的半径保留边缘细节，并且不显示图像的其余部分。与"高斯模糊"滤镜的效果恰好相反。

（2）位移：将选区移动指定的水平量或垂直量，而选区的原位置变成空白区域。

（3）自定：可以设计自己的滤镜效果。可以存储创建的自定滤镜，并将它们用于其他Photoshop图像。

（4）最小值和最大值："最小值"和"最大值"滤镜对于修改蒙版非常有用。"最大值"滤镜有应用展开的效果：展开白色区域并阻塞黑色区域。"最小值"滤镜有应用阻塞的效果：收缩白色区域并展开黑色区域。

6.3 综合练习——创意海报设计制作

案例分析

下面我们通过设计制作一个创意海报，来学习Photoshop中滤镜、蒙版及通道的相关应用。

知识准备

在本例中会涉及前面几个章节讲到的部分内容，对蒙版、滤镜等都会有所牵涉。蒙版的使用可以使我们对选区有更进一步的掌握，学习在不使用选区工具时如何做到精确调整。下面我们就开始创意海报的设计。最终效果如图6-29所示。

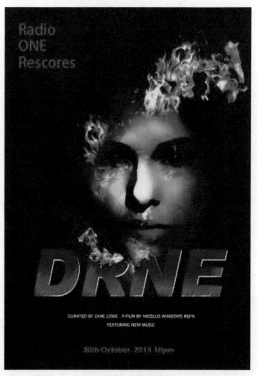

图6-29 最终效果

1．启动Photoshop CS6，新建文件，宽和高分别设置为700像素、1000像素，分辨率设置为72 dpi，文件命名为"创意海报设计"。打开"素材"中"金属板"用选框工具选择其中一块区域，如图6-30所示。

2．执行"拷贝"【Ctrl+C】命令，在"创意海报设计"文件中执行"粘贴"【Ctrl+V】命令，并调整图片大小到合适位置。执行"滤镜"菜单下的"滤镜库"中"画笔的描边"中的"强化的边缘"命令，并按图6-31所示的参数调整。

图6-30　素材

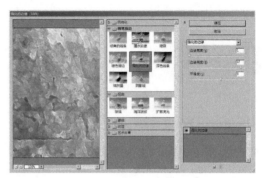
图6-31　画笔描边

3．选择"橡皮擦"（E）工具，将硬度调至最低，将图片不需要的地方擦除，如图6-32所示。

图6-32　擦去多余部分

4．分别创建黑白、色阶、曲线调整图层，参数及效果如图6-33~图6-36所示。

图6-33　黑白调整面板

图6-34　色阶调整面板

图6-35　曲线调整面板

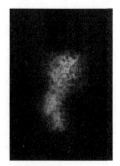
图6-36　效果

5．打开素材"模特"，给图层添加蒙版将不需要的地方擦除，如图6-37所示。

6. 执行"滤镜"菜单下的"模糊"中的"表面模糊"命令，参数设置如图6-38所示。

图6-37 添加素材"模特"

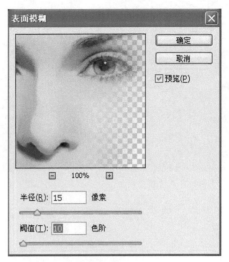

图6-38 表面模糊

7. 执行"自由变换"（Ctrl+T）命令，单击鼠标右键选择水平翻转，确认后继续对图片蒙版进行调整，如图6-39所示。

8. 创建"黑白"调整图层，按【Ctrl+Alt+G】组合键创建剪切蒙版将不需要调色的部分遮住，参数如图6-40所示。

图6-39 自由变换

图6-40 黑白调整面板

9. 建立色阶与曲线调整图层，效果如图6-41~图6-43所示。

 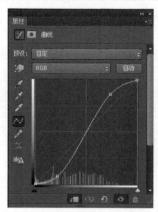 

图6-41　色阶调整面板　　　　图6-42　曲线调整面板　　　　图6-43　调整后效果

10．打开素材"冰块.jpg"，使用"套索"工具选择如图6-44所示区域并执行"复制"命令。

图6-44　建立选区

11．回到"创意海报设计"文件，执行"粘贴"命令，调整大小，将"图层混合模式"改为"叠加"，创建图层蒙版，将不需要的地方擦除，执行"滤镜"菜单下的"像素化"中的"晶格化"命令，具体参数与效果如图6-45所示，创建"黑白"调整图层，按【Ctrl+Alt+G】组合键建立剪切蒙版，参数如图6-46所示，效果如图6-47所示。

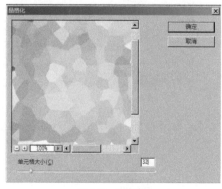 

图6-45　晶格化　　　　　　　　图6-46　黑白调整图层

12．打开素材"火焰"，用"魔术棒"工具选择黑色背景，执行"反相"【Ctrl+Shift+I】命令，并复制，如图6-48所示。

图6-47 效果

图6-48 打开素材并建立选区

13．回到"创意海报设计"文件，执行"粘贴"命令，多复制几层，并对位置及大小进行调整，对不需要的地方使用"橡皮擦"工具擦除，完成之后，对火焰图层执行"合并图层"【Ctrl+E】处理，如图6-49所示。

14．复制火焰图层，执行"图像"菜单下的"调整"中的"黑白"命令，并调整位置和大小，将其放置在火焰图层下方，参数如图6-50所示。

图6-49 执行命令

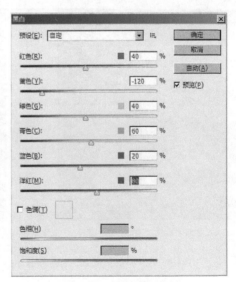

图6-50 黑白调整面板

15．打开素材"蓝色冰块"，使用"套索"工具选择，并执行"复制"命令，如图6-51所示。

图6-51 素材"蓝色冰块"建立选区并复制

16. 回到"创意海报设计"文件，执行"粘贴"命令，将"图层混合模式"改为"叠加"，复制几层，调整到模特的额头、眼睛和嘴唇部位，如图6-52所示。

17. 将火焰和蓝色冰块图层进行调整，如图6-53所示。

图6-52 粘贴、叠加

图6-53 调整图层

18. 新建"可选颜色"与"曲线"调整图层，具体参数如图6-54和图6-55所示，调整后效果如图6-56所示。

图6-54　可选颜色调整面板　　　　　图6-55　曲线调整面板　　　图6-56　调整后效果

19．至此，我们就将画面部分做好了，下面我们为海报添加文字信息，打开素材中"海报文字"复制各段文字，将其放置在相应位置，如图6-57所示。

20．选择"Drne"文字复制粘贴至文件中，将其放大，按住【Ctrl】键同时鼠标左键单击图层缩略图，载入选区。新建图层，选择渐变工具，挑选颜色，从上向下拖动鼠标，完成渐变效果，并将其放置到火焰图层下方，如图6-58所示。

21．单击"橡皮擦"工具选择有纹理的笔刷，擦除文字下方，复制此图层，将其颜色改为白色，并向下移动一个图层，按方向键向下向右各三个像素，效果如图6-59所示。

　图6-57　复制文字　　　　　　图6-58　处理文字效果　　　　　图6-59　处理文字

22．继续添加其他文字信息，并改变颜色，最终效果如图6-60所示。

图6-60 最终效果

本章小结

　　在本章中，我们学习了蒙版的基础知识、快速蒙版、矢量蒙版和图层蒙版的操作；还认识了解了通道的相关知识，以及通道的类型和操作；学习了部分重要的滤镜功能的使用。并且通过一幅演出海报的设计制作，综合应用了相关知识点。通道及蒙版是Photoshop中比较复杂的内容，要掌握好这部分的技能，需要平时多加练习，在学习中我们应该注意以下几点：

　　1. 对于画面局部图像的选择及编辑，应该尽量使用蒙版，这样的操作具有可逆性，便于随时修改，不会对图像本身产生破坏性的结果。

　　2. 海报设计中，文字内容是非常重要的设计元素，需要和图片相结合点明主题，因此一幅成功的海报，文字的视觉效果具有非常重要的地位。

习　题

1. 填空题

（1）蒙版包括：_____、_____、_____、_____、_____。

（2）RGB图像包含了_____、_____和_____，并且还有一个用于编辑图像的_____。

（3）CMYK图像则包含了_____、_____、_____、_____和一个用于编辑的_____。

2. 选择题

（1）使用_____滤镜可以通过生成更大的对比度来使图像清晰化和增强处理图像的轮廓。

A．模糊 　　　　　B．锐化

C．像素化 　　　　D．画笔描边

（2）按_____键可以重复使用上一次的滤镜。

A．Ctrl+C 　　　　B．Ctrl+V

C．Ctrl+B 　　　　D．Ctrl+F

（3）用于保存印刷时所需的一种特定的彩色油墨信息的是_____通道。

A．颜色 　　　　　B．专色

C．Alpha 　　　　 D．CMYK

3. 简答题

（1）简述海报的特点。

（2）简述创意海报的要求。

（3）简述蒙版的作用。

4. 实战操作

请结合本章中学到的相关知识点，制作一幅旅游主题的海报。